東北大学出版会ブックレット　003

東北大生の皆さんへ

―教育と学生支援の新展開を目指して―

花輪　公雄　著

東北大学出版会

Messages to Tohoku University Students
Kimio HANAWA
Tohoku University Press, Sendai
ISBN978-4-86163-324-9

はじめに

私は二〇一二年四月、東北大学理事に就任した。担当は教育・学生支援・教育国際交流である。この二か月前、総長に就任することが決まっていた、当時大学病院長で副学長の里見進先生より、理事就任の依頼を受けていた。最初は学外での役職も多く忙しいことを理由に辞退したものの、最終的にはお引き受けしたのであった。今振り返ってみると、理事の仕事が何たるかもよく知らないままに、よくぞ引き受けたものだと思う。以来丸六年が過ぎ、二〇一八年三月に理事職は任期満了となり、同時に東北大学を定年退職した。

　さて、大学教育とは何か、どうあるべきか、現在育成が要請されている人材像とはどのようなものかなどなど、高等教育を正面から考えたこともなかった私にとって、理事就任後は日々悩み続ける毎日であった。理事職を終えた今でも分かったとはとても言える状態にはないが、私なりにこうすることが良い教育をもたらすであろうと、私をサポートして下さる先生方や事務職員の方々と、日々実務を進めてきたつもりである。

　このような中で、研究室を担任していたときに、研究室の学生諸君に向けて書いていた「若き研究者の皆さんへ」と同様、「学生の皆さんへ」と題してメッセージを込めたエッセイを書くこととした。これらのエッセイは、就任した二〇一二年四月以来、毎月二〇日にウェブサイトへ掲載した。私は、本学本部事務機構本体がある片平キャンパスと、事務機構の一つ、教育・学生支援部がある川内北キャンパスとにそれぞれオフィスをもっていた。原則午前は片平キャンパスで、午後は川内北キャンパスでの執務である。川内北キャンパスは、一九九三年三月まで教養部があったキャンパスで、その後も本学学生は入学後一年半から二年間を過ごす場所となっている。そのようなこともあり、「学生の皆さんへ」の学生とは、川内キャンパスで学ぶ本学の学部一・二年次の学生を想定している。また、私は学生支援も担当することから、本学の課外活動サークルを束ねる団体である「学友会」の副会長を務めている。そのようなこともあり、課外活動に関連する多くの話題もエッセイに取り上げた。なお、これらのエッセイは若い学生の皆さんへのメッセージということで、文体として「です・ます体」を採用した。本書には、Ｐａｒｔ　1として、二〇一二年四月から二〇一五年三月までの三六編を収めている。

学生の皆さんへのエッセイは、まさにその時その時の話題を題材とした私からのメッセージである。そこで本書では、時系列の順を保って掲載した。そのため、内容の一部重複や、同じテーマを複数回取り上げているようなものがある。また、東北大学内の異なる場面や媒体で、同じテーマに触れたものもある。それらを削除し、整理したうえで書籍化することも検討したが、エッセイとしてだけでなく、ある一人の大学人・研究者による日記的な記録の性格も本書に含みたいと考え、読者の不便・混乱を承知しつつもこの形式としたことを、予めお断りしておきたい。

「若き研究者の皆さんへ」や「学生の皆さんへ」とは別に、私は二〇〇五年七月より「折に触れて」と題するエッセイも毎月ウェブサイトへ掲載してきた。この「折に触れて」は、その名の通り折に触れて感じたこと、考えたことを書いたものである。本書では、このうち理事に就任した二〇一二年四月以降に発表したものの中から、大学教育や学生諸君の活動を対象としたエッセイ一八編を選び、Ｐａｒｔ　2として収めた。

本ブックレットの挿絵も大石亜依さんが描いてくださった。杉本周作さんには、毎月ウェブサイトへのエッセイ掲載の労を取って頂いた。ここに記して感謝の意を表する。また、本書を出版するにあたり東北大学出版会事務局長の小林直之さんから、本書の構成や内容について、貴重なご意見を頂いた。記して感謝申し上げる。

二〇一八年七月二五日

青葉山キャンパスの研究室にて

花輪　公雄

目次

Part 1

学生の皆さんへ

1　学びの転換を

　皆さん、東北大学への入学、おめでとうございます。皆さんは今、大学での学習や課外活動に対する大きな期待で、胸を膨らませていることと思います。いっぽうで、これまで長年過ごしたところを離れなければならなかったり、一人で生活することになったりと、生活環境が変わることに大きな不安をもっておられる方も多いことと思います。そのような不安を解消するため、私たち教員や事務職員など大学職員は、もちろんお手伝いしますが、様々な機会を利用して、早めに友達をつくることを勧めます。なんでも話せる友達をもつことは、いろいろな意味でとても良いことです。大学時代の友人は、一生の友人でもあります。友達をつくるためには、積極的に周囲の皆さんと接することです。本学には様々な課外活動サークルがありますが、このようなサークルへ入り、先輩方や仲間と集団的な行動をとることも大変有意義です。私は課外活動に積極的に参加することを大いに勧めます。

　さて、大上段に構えた問いですが、大学とはどういうところでしょうか。答える人の数だけ違った答えが出てくるかもしれませんが、私は「知を継承し、知を創出するところ」と表現したいと思います。大学とは、人類が営々と築き上げてきた知の体系を学び、そしてその上にさらに新しい知を加えていくところだと考えます。この知を学ぶことは教育を通して行われ、新しい知を生みだすことは研究を通して行われます。すなわち、大学は、教育と研究を両輪にして歩んでいるのです。

　ところで、知の体系を学ぶこと、こう表現することはたやすいのですが、大学に在籍する数年間で、人類が獲得した膨大な知を学びきれるものでは到底ありません。私は、大学で学ぶこととは、「学び方を学ぶこと」だと考えています。そして、教員が行う授業とは、どこにどのような知があるのか、その知がどのようにして獲得されてきたのかなど、それぞれの学問分野へ皆さんを誘うことだと考えます。皆さんがこの分野を学びたいと思っている分野ですら、授業だけで得られるものではありません。もし、皆さんがある学問分野に興味をもった時には、自らが自らの意思で学ぶ必要があるのです。

　これまでの話から、大学での学習は、皆さんの小学校や中学校、そして高等学校の学習とは全く違ったものであることがお分かりでしょう。東北大学では、このような学習姿勢の転換を、「学びの転換」と表現しています。私たちはもちろん皆さんの学びの転換をお手伝いしますが、皆さんも自分の意思で学びの転換を実現してください。

（二〇一二年四月二〇日）

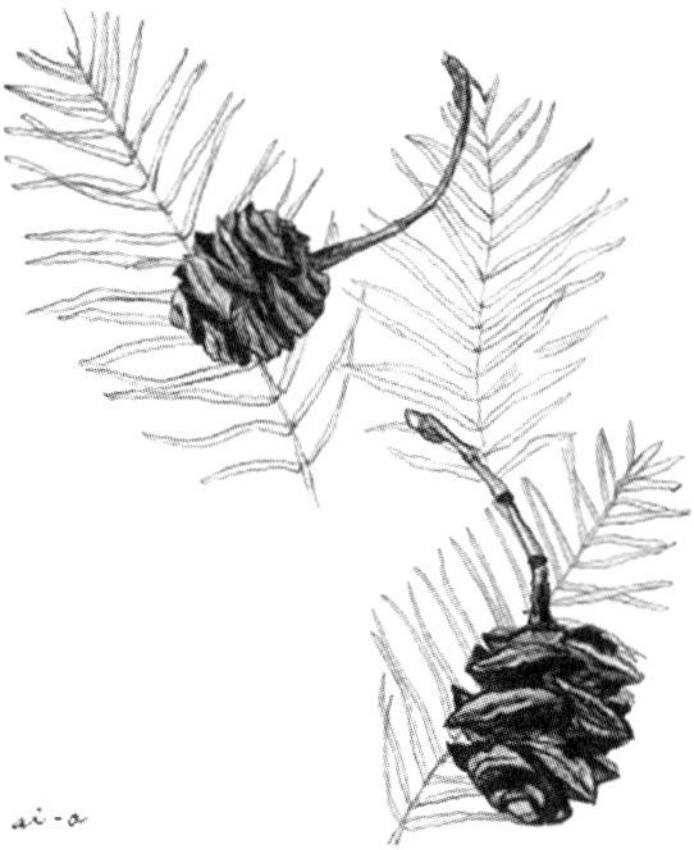

2　課外活動の勧め

　新入生の皆さん、早いもので、入学からもう二か月が過ぎようとしています。大学生としての生活はいかがですか。毎日、張り切ってキャンパスへと来られているものと思います。

　まず学習面のことですが、第1セメスターでどのような授業科目を取るのか、もう決まりましたね。決めるに当たっては、授業内容を記したシラバスとにらめっこしたり、友達と情報交換したり、あるいは先輩の話を聞いたりしたことと思います。どうしても欲張って多くの授業科目を取りがちですが、自分の学習スタイル、あるいは生活スタイルに合わせて組むのが一番です。

　次に授業時間以外に行う課外活動のことです。皆さん、どうするのかもう決めましたか。本学には、文化や運動などに関して皆さんが自発的に活動するための全学的な組織として、「学友会（がくゆうかい）」があります。学友会の会員は、皆さん方学生と教職員です。会員が納める会費によりその運営が行われています。学友会には、体育系の団体が所属する体育部と、文化系の団体が所属する文化部のほかに、会全体の庶務や会計を行う総務部と、「東北大学新聞」を発行する報道部があります。体育部や文化部に所属する団体は、加盟団体と準加盟団体、登録団体の三つのカテゴリに分かれています。今年五月現在、体育部には加盟団体が四八、準加盟団体が三六、登録団体が三、いっぽう文化部には加盟団体が二五、準加盟団体が六二、登録団体が三、あります。また、これらの団体に登録している学生数は、全体で七〇〇〇名を超えており、この人数は他の大学と比べてかなり多いとのことです。本学の課外活動の活発さを表しています。また、社会人が主な構成メンバーとなっている学外の団体に参加している学生も大勢いるとのことですので、実際はもっと多い方が何らかの課外活動をしているものと思われます。

私たちは、皆さんが積極的に学友会所属のサークルに参加し、その活動を通して楽しみながら心身を鍛え、そして結果として豊かな教養を身につけていくことを期待しています。良き師、良き先輩、良き仲間、ときには良きライバル、そして良き後輩と触れ合う中から、自分を磨いてください。

ところで、最後に注意を喚起しておくべきことがあります。それは、中には本学の承認を得ないでキャンパス内で活動している団体、あるいは勧誘するときの表向きの活動とは異なった活動をしている団体があることです。これらの団体にはくれぐれも注意してください。勧誘を受けて心配になったときは、大学側に問い合わせてください。

（二〇一二年五月二〇日）

3　存分に力を発揮して下さい

今年の「全国七大学総合体育大会」、通称「七大戦（ななだいせん）」は五一回目となります。夏場を迎え、七大戦も佳境に入る時期となりました。本学では、今月七日（木）に学友会体育部主催の壮行会が、本学百周年記念萩ホールで開催されました。七大戦の公式の開会式は来月七日（土）に、主管校である九州大学の伊都キャンパスで開催されることになっています。

七大戦は一九六二（昭和三七）年、「国立七大学総合体育大会」として北海道大学が主管校となって開催されました。七大学とは、北から北海道大学、本学、東京大学、名古屋大学、京都大学、大阪大学、そして九州大学のことで、戦前の帝国大学を母体にもつ大学のことです。そのため、ときには「七帝戦（しちていせん）」とも呼ばれることもありますが、主催者側はこの呼称を推奨していないようです。競技は、四二の正式種目と一つのオープン種目で行われます。また、順位に応じて付与されたポイントの総得点で総合順位が争われます。ちなみに、これまでの五〇回の大会で最多優勝回数を誇るのは京都大学で一四回、続いて東京大学と本学が九回、大阪大学が七回、北海道大学と九州大学が四回、名古屋大学が三回とのことです。

大会を世話する大学を主管校と呼びますが、主管校が優勝したのは三二回で、残りの一八回は非主管校です。この非主管校が優勝することを「主管破り」と表現するようです。最多主管破りは京都大学で九回、いっぽう主管破りをされていないのは本学だけのようで、これからも長く続けてほしいと願っています。なお、主管校は北海道大学、九州大学、大阪大学、京都大学、東北大学、東京大学、名古屋大学、そして北海道大学に戻る順序ですので、次に本学が主管校になるのは、二〇一五年のことです。

昨年一〇月七日に発行された広報紙「東北大学学友会」第四号に、「絆」と題して、体育部長の永富良一先生による巻頭言があります。その記事で、昨年は実行委員会から総合順位を付けないようにしましょうか、という提案があったようです。しかし、本学は、「たとえ逆境にあろうともそれを跳ね返していくのが東北大学のスポーツの原点であるという意見が大勢を占め、実行委員会の配慮に感謝しつつも東北大学として例年通りの七大戦の開催を望むことを伝え」たようです。私はこれを読み大変感動しました。私もそのような決断を支持しますし、そのように決断したことに誇りを感じています。競技によっては既に終えた競技もありますが、多くの競技はこれからです。日頃の鍛錬の成果を思う存分発揮して欲しいと願っています。

（二〇一二年六月二〇日）

4　ゆっくり行こうぜ

このところ交通事故の報告が非常に多くなっています。とりわけ、川内キャンパスや青葉山キャンパスの周辺で多発しています。交通量の増加が背景としてあるようです。昨年（二〇一一年）三月の地震で、青葉城址の石垣が崩れ、川内と天守台の間が通行止めとなりました。そのため、八木山地区からの車両が、青葉城址の埋門（うずみもん）、そして工学研究科キャンパスを経て、扇坂（おおぎざか）にいたる道路を通るからです。さらに、地下鉄工事の車両と、大雨で崩れた法面（のりめん）修復のための工事車両とが加わり、混雑に拍車をかけています。朝夕の通勤・通学の時間帯には、扇坂周辺は渋滞が起こるほどです。

このような状況の中で、皆さんの自転車やバイクが絡んだ事故が増えているのです。私の所に届く事故報告書には、事故の詳しい様子が記載されています。事故の直接の原因は、交通マナーが守られていないことと、前方不注意などの注意散漫にあるようです。ある事故は、バイクが交差点近くで無理な追い越しをしたためバランス崩して転び、追い越した車に轢かれ大怪我をしたというものでした。また、交差点で停まっていた自転車に後ろからきた自転車が追突し、双方とも怪我をしたという事故もありました。

私も昼と夕方、川内周辺を車で移動していますが、ときどき扇坂でとんでもないスピードで坂を下ってくる自転車やバイクに出合うことがあります。車とぶつかるのではないかと、不安を感じてしまうことも多々あります。二輪車である自転車やバイクは、ちょっとのことですぐ転んでしまいます。とても不安定で、車とは異なり体を防御するものもありませんので、いったん事故が起こると、大怪我をしてしまいます。車の人も、自転車やバイクの人も、そして歩いている人も、交通マナーを守りましょう。何と言っても、スピードを上げないこと、すなわち「ゆっくり行こうぜ」は最大の事故防止策です。

多くの皆さんが、自転車やバイク、特に「原チャリ」と呼ばれるスクーターに乗っていますので、ついでに書いておきます。事故とともに多発しているのが、自転車やバイクの盗難です。この報告も毎月何件もあがってきています。もう何十年も前のことですが、私自身も仙台に来て、自転車の盗難に遭いました。それも複数台です。仙台はこんな街なのかと、とても悲しくなったことを思い出します。ともあれ、盗まれないように自衛することも大切です。一個だけではなく複数個、異なるタイプの鍵を掛けることが効果的であるといいます。サドルを取ってしまうのが最も効果的、という人もいます。いずれにせよ、盗まれないような対策を、各人が自ら行ってください。

（二〇一二年七月二〇日）

5　ロンドン・オリンピックと絆

ロンドンで七月二七日から開かれていた第三〇回夏季オリンピックは、八月一二日に閉幕となりました。期間中、イギリスは国中大いに盛り上がり、それは予想以上とのことです。日本では多くの試合がリアルタイムで、あるいは録画で放送されました。ロンドンは、夏時間を採用していますので、日本時間に比べ八時間の遅れです。したがって、夕方から夜に行われる重要な試合は、日本では深夜から朝方の放映となります。期間を通して私はあまり熱心な観戦者ではなく、いつもの生活スタイルで見られるものを見ていただけですが、それでも、女子バレーボールの韓国との三位決定戦や、女子サッカーのアメリカとの決勝戦の後半を、ライブで見ることができました。皆さんの中にはテレビの前の応援で、寝不足になった人も多かったのではないでしょうか。

さて、この大会、日本選手団は合計三八個のメダルを獲得しました。この数字、前々回のアテネ・オリンピックでの三四個を抜いて、過去最多とのことです。金メダルは目標に達しませんでしたが、その代わり、多くの思いもかけない競技で、とは失礼な表現ですが、銀メダルや銅メダルを獲得しました。私にとって印象的だったのは、メダルの数はともかく、女子選手と団体競技での活躍です。例えば、三連覇を成し遂げたレスリングの吉田選手や、後にアサシン（暗殺者）と表現された女子柔道の岩本選手、サッカー女子「なでしこジャパン」、バレーボール女子、卓球団体女子、アーチェリー団体女子など。実際、メダルの数を競技の数ではなく、何人の選手がもらったのかという数え方をすると、男子は延べ三一名なのに対し、女子選手は実に延べ五三名に上ります。

日本は一九九〇年代初めに「バブルがはじけ」、長い、長い経済不況に陥りました。有効な手も打てず、社会の仕組みも大きく変えることができず、「失われた一〇年」とも、「失われた二〇年」とも表現されています。そして追い打ちをかけるように、昨年三月の超巨大地震による東日本大震災が起こりました。この大震災以降、復興のためには、人と人との結びつきが今まで以上に大事ということで、「絆」がキーワードとなりました。

ロンドン・オリンピックでの日本選手団の活躍、特に団体競技での活躍は、大震災以降の閉塞感の中で、私たち日本人を大いに勇気づけるものとなりました。試合後のインタビューでは、仲間を信じて、自分のもち場で自分がやるべきことをやれたから偉業を達成できた、と多くの選手が口を揃えていました。このような仲間意識が、日本の多くの人の心を動かしたのだと思います。さて、皆さんも、新たに大学で出会った人たちと、一人でも多く絆を結べるといいですね。そういう仲間を、沢山見つけてください。

（二〇一二年八月二〇日）

6　法律にみる大学の定義

本学には、教育に関する議論を行う組織として学務審議会があります。この審議会は、「全学教育」に関する意義や取り組みを紹介する広報誌である「曙光（しょこう）」を、一九九六（平成八）年から発行してきました。皆さん、ご覧になったことはありますか。事務棟の教務の窓口や厚生施設などに置いていますので、ぜひ手に取って読んでください。全学教育に携わっている多くの先生方の、教育に関する様々な熱い想いがつづられています。私もこの一〇月に発行される同誌NO・34の巻頭言を依頼され、「全学教育の狙い～今年本学へ入学した皆さんへ～」と題する文章を書きました。その中に、「大上段に構えた問いであるが、大学とはいったいどんなところだろうか、との問いに、私は『知を継承し、知を創出するところ』と表現したい」と記しました。今回この欄では、大学が法律ではどう定義されているのかを紹介することにします。

まず、一九四八（昭和二三）年に制定された「教育基本法」です。この法律には、なぜ教育をするのかの目的が謳われています。現行の表現は、二〇〇六年に全面改正されたものです。この「第二章　教育の実施に関する基本」の第七条が大学に関する記述です。「大学は、学術の中心として、高い教養と専門的能力を培うとともに、深く真理を探究して新たな知見を創造し、これらの成果を広く社会に提供することにより、社会の発展に寄与するものとする。2 大学については、自主性、自律性その他の大学における教育及び研究の特性が尊重されなければならない。」

次に、教育のかなりの部分は「学校」においてなされることになりますが、この学校について規定している「学校教育法」をみてみましょう。この法律は、一九四七（昭和二二）年に制定され、幾度もの改正がなされ、現在に至っています。大学の定義は、第九章第八十三条にあります。「大学は、学術の中心として、広く知識を授けるとともに、深く専門の学芸を教授研究し、知的、道徳的及び応用的能力を展開させることを目的とする。2 大学は、その目的を実現するための教育研究を行い、その成果を広く社会に提供することにより、社会の発展に寄与するものとする。」

どちらの法律にも使われている用語を使えば、大学は、「学術の中心」であり、「教育」と「研究」を通して、「成果を広く社会に提供することにより、社会の発展に寄与する」ところ、と表現できそうです。大学にのみ、わざわざ「研究」が入っているところが重要だと私は思います。では、教育と研究の関係はどうあるべきなのでしょうか。それは、本学の理念の一つである「研究第一」主義に尽きるのではないでしょうか。

（二〇一二年九月二〇日）

7 Windnauts 連覇なる

皆さんが学外で課外活動するときは、何か突発事故が起こったときへの対応のため、いつ、どこで、どのような活動を、誰が参加して行うのかを記した届け出を出してもらっています。この七月の上旬、学友会準加盟団体である人力飛行部「Windnauts」（「風の船乗り」という意味だそうです）が、琵琶湖で毎年開かれている「鳥人間コンテスト」に出場するとの届け出がありました。私はこの書類で七月二八・二九日（土・日）に同コンテストが開催されることを知りました。昨年優勝したことも知っていましたので、今年はどうなるのか大変気にかけていましたが、八月に入っても全く情報が入りませんでした。あとで部員に聞いたところ、テレビ番組が放送されるまでは、絶対に口外してはいけない、と約束させられているのだそうです。

さて、今年のコンテストの模様は、八月二七日（月）の午後七時からの二時間番組として放送されました。当日、私はこの放送をすっかり失念し、帰宅したのは番組が終わる二〇分前のことでした。それでもこの中で、本学の人力飛行機「翠（すい）」の見事な飛行ぶりを見ることができました。「人力プロペラ機ディスタンス部門」で、見事一万四一二九・三四メートルの飛行距離で優勝したのです。このコンテストは今年が三五回目で、本学は一四回目の参加でしたが、昨年に続き二連覇、通算四回目の優勝を果たしたのです。テレビの前で、思わずヤッターと、ガッツポーズをしたのは言うまでもありません。

この優勝を受け、Windnautsの部員たちは、九月二一日（金）に里見総長に優勝報告を行いました。部長G君、パイロットのT君、設計を担当したO君、そして来年の大会へと部を引っ張る新部長のIさんの四人です。この報告会では、大会では三年生が中心になること、パイロットは運動の適性なども考慮して、さらに複数の候補者がいる場合は部員の投票で決めること、機体はできるだけ軽く作るため、ジュラルミンやFRP（ガラス繊維強化プラスティック）を用いること、などなど沢山の話に花が咲きました。そうそう、機体の製作費は四〇〇万円程度で、先輩からの援助や部費で賄っているとのことです。また、他大学にはない本学の最大の特徴は、荷重試験や試験飛行を何度も行い、機体の悪いところを徹底的にチェックして改良し、大会に臨むことのようです。

私はこのような学生サークル活動は、いろんな意味でとても重要で、大いに頑張ってもらいたいと思っています。そしてそのために、様々な面での支援も行いたいと考えています。また、本学はこのような学生の活躍を、学外に上手に発信することをしていないようにも感じています。ここのところも、なんとかしたいですね。

（二〇一二年一〇月二〇日）

8 「基礎ゼミ」から「展開ゼミ」へ

今月一二日（月）の午後、「第6回東北大学基礎ゼミFDワークショップ」が、多くの先生方の参加を得て川内北キャンパスで開催されました。本学の第1セメスターに開講している授業科目「基礎ゼミ」を、来年度担当する先生方に対する「講習会」です。シンポジウムの表題にある「FD（Faculty Development）」とは「教育能力を高めるための勉強会」のこと、「ワークショップ（Workshop）」とは「模擬的に動いて技術の向上を図ること」という意味で使われています。

基礎ゼミが現在のようなスタイルになったのは一〇年前の二〇〇二年度のことです。本学の基礎ゼミは、「学部に関わらず主として新入生を対象に全学的に体制で行われる教育で、二〇人以下の少人数で教官と学生および学生相互間においてフェイス・トゥ・フェイスの親密な人間関係の中で、かつ学生の受け身ではない、主体性の下で行われる教育」と定義されています。少人数の授業科目はどの大学でも行われていますが、このように全学的に行われているのは本学だけです。その狙いは、ゼミを通じて、高校までの教員の話を一方的に聞くという受身の学習姿勢から、自らが能動的かつ積極的に学ぶという学習姿勢に変えることにあります。積極的に「知」へ近づこうとする態度が身につけば、学問することは、とても楽しいものだと思えてくるでしょう。

さて、基礎ゼミは受講率が99%以上と、ほぼ全員が受講している科目です。皆さんはどんなゼミを取ったでしょうか。第一希望のゼミを取ることができたでしょうか。本学の基礎ゼミには一六〇ほどのゼミが用意され、平均一五人程度の少人数教育がなされています。担当する教員は、すべての学部・研究科、附置研究所から出ています。授業評価結果を見ますと、皆さんが基礎ゼミに大いに興味をもってくれたことが分かります。その続きを受講したい、別のゼミも受けてみたい、という声も聞こえています。

多くの先生方の協力により成り立っている本学の基礎ゼミの教育効果は、とても大きいと判断しています。そこで私は、基礎ゼミの進化版や深化版である「基礎ゼミII」の開講の可能性を提案しました。その結果、幸いにも基礎ゼミ委員会での議論で、来年度第2セメスターから、「展開ゼミ」として開講されることになりました。来年度は、まず数十のゼミが開講されると思われます。その中には、「基礎ゼミ」から「展開ゼミ」へと、同じテーマでも進化したものや深化したものがあるでしょうし、同じ内容でも受講できなかった学生に開講するものもあるでしょう。いずれにしても、来年度からの「展開ゼミ」を、多くの皆さんが楽しむことを期待しています。

（二〇一二年一一月二〇日）

9　読書の勧め

本学は、充実した教養教育を行うために、「教養教育院」と呼ばれる組織を設置しています。この教養教育院には、経験豊かな本学の名誉教授の六名の先生方（総長特命教授）と、現役の五名の先生方（教養教育特任教員）がおられます。これら一一名の先生方はどなたも、本学の教養教育である全学教育に、並々ならぬ情熱を傾けておられる先生方です。

さて、私はこの院長を兼務していますが、このたび、同院が毎年発行している冊子、『読書の年輪』の巻頭言「発行にあたって」を書くように依頼されました。この冊子は、総長特命教授の先生方一人ひとりが、これはと思う本を新入生の皆さんに紹介する目的で、二〇一〇年度より作成されているものです。新入生の皆さんには、入学手続きをする書類の中に一緒に入れていますので、この冊子を見ているのではないでしょうか。読んでいただけましたか。「最近の若い人は本を読まない」などと聞こえてきますが、皆さん、そうなのでしょうか。そうだとしたら、とても残念なことです。世の中には、面白くて、また、ためになる本が沢山出ています。一冊でもお気に入りの本に出会えば、これまで読書にあまり親しんでこなかった人も、読書することが面白くなるかもしれません。

さて、私が書いた巻頭言が掲載される冊子は、来年四月に入学する新入生の皆さんに送付する二〇一三年度版です。少し早いのですが、ここに私が準備した文章を紹介することといたします。

「読書は、私たちの知識の量を増やし、思考の幅を広げ、さらに疑似体験を通して考える力をつけてくれます。そして、ときには一冊の本から、生き方が変わることもあるとも言います。膨大な書籍の中から、一生手元に置きたいような、これはという一冊の名著に出会うことは、この上もない素晴らしい体験で、喜びでもあります。

この小冊子『読書の年輪―研究と講義への案内―』は、本学教養教育院に所属する、教育と研究に高い実績をもつ経験豊かな本学名誉教授である総長特命教授六名と、現在はその任を離れたＯＢ三名の、計九名の先生方が、自らの講義やゼミの受講の際に有益となる本を、お一人六冊ずつ紹介したものです。どれもが定評のある選りすぐりの本と言えるでしょう。皆さんが、紹介された全五四冊の本の中から、先生方の紹介文を参考に一冊でも多くの本を手に取ってくださることを期待しております。

読書は豊かな心を作ります。皆さんが確かな教養を身につけるためにも、日常的に読書に親しんでください。」

（二〇一二年一二月二〇日）

10　新しい年を迎えて

二〇一三年が始まりました。皆さんの二〇一三年はどうなりそうですか、また、どうしたいと思いますか。年頭にあたり、今年はこうしよう、あるいはこうしたいなどと決意することは、とても良いことだと思います。さて、最近、新聞でとても感心した二つの記事を読みましたので、今回はそれを紹介することにします。

まずは、心療内科医の梅原純子さんの記事です。梅原さんは毎日新聞日曜版に「心のサプリ」と題するコラムをもっています。その一月一三日の記事は、「今年のテーマは？」と題するものでした。梅原さんは「新しい年を迎えるたびにその年のテーマを決める」のだそうです。「その年をどういう気持ちで過ごすか」と「心のむけかたの方向を設定する」ものとして、今年は「社会の中で子供を育てる」と設定したとのことです。

梅原さんが子供のころは、社会全体が活気のある時代で、「カッコいい大人たちは『若者しっかりしろ』など言わなくとも、自分の責任を果たし、自分のできることをして社会に貢献する姿をみせて若者を後押ししてくれた。自分の子供だけを育てる、という視点でなく、『社会の中で子育て』をしてくれていたのである。」「若者しっかりしろ、なんて言うのはやめよう。彼らのもっている力と可能性を引き出すのは大人の責任。社会の中で子育てをしたい、と思う。」皆さん、世の中にはこういう人もいるのです。でも、このような温かい眼に甘えてはいけません。皆さんは自らの意思と力で、自らの道を切り開いていってください。

翌一四日の毎日新聞には、女優で脚本家の中江有里さんが、「ホンのひととき」欄で「今年のベストセラーは?」と題し、今年のベストセラー本を占っています。コミュニケーションに関する本、料理やダイエットに関する本、そして健康や自己啓発に関する本が、今年のベストセラーになるとしています。これらはすべて実用本のカテゴリです。

中江さんはさらに続けます。二〇一二年に「低調であった文芸作品が、今年こそはベストテンに入ることを夢見ている」とのことです。「小説は実用性があると思われませんが、実は心の筋肉を鍛える立派な実用本。心の筋トレによって想像力が広がり、他人のことを思いやる力がつき、自分のことも深く考えられます、不安の多い時代に、想像力という翼は、不安を取り除き、人々に生きる勇気を与えてくれる」のです。そうです、私もその通りだと思います。中江さんはこのエッセイの最後を、次のような文章でまとめます。「以上が夢の予想でした。無謀な夢かも?　でも、夢は見なければ、叶いませんから」と。小説も「実用本」だとは、中江さん、なかなかの慧眼だと思います。

（二〇一三年一月二〇日）

11　川内北キャンパスの整備

　昨年四月に、川内北キャンパスにオフィスをもって以来、隅々まで隈なく、というわけではありませんが、キャンパスがどのように使われているのか、そちらこちらを見て回る機会がありました。その結果、ここはこうしたい、あそこはこうしたいなどとキャンパス整備についてのアイデアが湧いてきました。最近、このキャンパス整備について、私の夢を語る機会がありましたので、そこでお話ししたことを記します。

　まず、二〇一五（平成二七）年度に予定されている地下鉄東西線開業時までを区切りとする短期計画です。つい最近ですが、今年度補正予算で、現事務棟の隣に「総合学生支援センター（新事務棟）」が建設されることが決まりました。これら二つの建物の有効活用で、分散している事務の一体化が実現しますし、教員のための居室もある程度確保できるものと期待しています。また、地下鉄路線上の敷地に、駐車場や駐輪場を整備し、車やバイク、自転車をキャンパスの中央部からキャンパス外縁部へと移したいと考えています。さらに、川内郵便局向かい側にできる地下鉄川内駅周辺の広場やキャンパスモールの整備も、この短期計画期間中の重要な整備項目です。

　次に四年後から七年後にかけての中期計画です。少なくとも三つの建物を実現したいと考えています。まず、保健管理センターや学生相談所、キャリア支援室などの学生支援のための建物です。また、今年四月から制度化されるスチューデント・ラーニング・アドバイザー（ＳＬＡ）制度や、グローバル・キャンパス・サポーター（ＧＣＳ）制度のような、学生による学生への支援活動のための建物も必要です。さらに、課外活動サークルの部室が不足していますので、新サークル棟も実現したいですね。

　最後に、今から一〇年後のキャンパスの姿です。今もある程度はそうなっているのですが、もう少し徹底してキャンパスの「ゾーン化」を実現したいと考えています。ゾーン化とは、キャンパス東側から西側へ、運動場ゾーン、課外活動・厚生施設ゾーン、講義棟ゾーン、教育・研究・学生支援ゾーン、再び課外活動ゾーンと、五つのゾーンに分けて整備することです。これら五つのゾーンに、現在混在している各施設を、順次集約したいと思っています。でも、これには長い時間がかかるでしょうね。

川内北キャンパスは、本学に入学した皆さんが、一年半から二年の間、授業を受けたり、課外活動をしたりするメインのキャンパスです。もっともっと整備して、学生もそして教職員も、すべての皆さんが快適に大学生活を過ごせるキャンパスにしていきたいと思っています。

（二〇一三年二月二〇日）

12 ピア・サポート制度

この四月一日から、皆さんが主役になる二つの事業が正式に走り出します。一つはスチューデント・ラーニング・アドバイザー（Student Learning Advisor：SLA）制度、もう一つはグローバル・キャンパス・サポーター（Global Campus Supporter：GCS）制度です。これらは、皆さんが皆さんを支援する制度です。英語で「仲間」は「peer」、「支援」は「support」ですので、このような制度を「peer support（ピア・サポート）」制度と表現することがあります。以下、この二つの制度を紹介しましょう。

まず、SLA制度ですが、これまで三年間試行してきましたので、皆さんの中には既に利用された方もいるのでないでしょうか。SLAの活動にはいろいろありますが、メインは数学・物理・化学に関する学習相談です。活動の場所は川内北キャンパスのマルチメディア棟1階のエントランスホールで、月曜日から金曜日の毎日、二コマ目から五コマ目まで

ＳＬＡが待機しており、いつでも気軽に学習相談ができます。最近は自然科学総合実験のレポート作成に関する質問も増えてきたようです。その他、英会話ゼミなども行っています。また、月刊ＳＬＡ通信『ともそだち』を発行しています。ＳＬＡの活動を紹介するＵＲＬ（http://www. sla.dc.tohoku.ac.jp）もありますので、ご覧になってください。

次に、ＧＣＳ制度です。「グローバル・キャンパス・サポーター」とは聞きなれない言葉と思います。本学は今年度、「グローバル人材育成推進事業」という文部科学省のプログラムに採択されましたが、この事業の目玉の一つが、多くの皆さんを海外留学へ送り出すことです。入学から二年次の夏休みごろまで、全学教育を受けている間に、皆さんに海外留学を経験して欲しいと願っています。そのため、カリフォルニア大学リバーサイド校やニュー・サウス・ウェールズ大学への留学など、多くのスタディ・アブロード・プログラム（ＳＡＰ）を設けています。ＧＣＳ制度とは、この留学する皆さんを支援する制度で、すでに留学経験のある学生がＧＣＳとなって、海外留学を考えている学生に、その経験を活かして様々なアドバイスをする制度です。具体的には留学説明会で体験を話したり、準備の仕方などをアドバイスしたりすることが挙げられます。

最後に、皆さんにお願いがあります。それは、これらの制度を上手に使ってほしいということです。同じ学生同士ですので、遠慮して教員には聞けないようなことも気軽に聞くことができます。どんどん利用してください。そして、もし、このような制度を使うことが、皆さんにとってとてもためになった、良かった、と思えたのでしたら、次は皆さんがＳＬＡやＧＣＳになって、後輩を支援してください。

（二〇一三年三月二〇日）

13　全学教育の位置づけ

東北大学では入学後の一年半から二年間は、「全学教育」科目と呼ばれる授業科目を受けることになります。この全学教育について、私たちが考えている位置付けや学習支援制度、特徴的な授業科目などを簡潔に紹介する四ページのリーフレット「東北大学全学教育ガイド２０１３」を、今年度初めて作成しました。私はこの中で、全学教育の位置付けに関して次のようなメッセージを書きました。

「皆さん、東北大学への入学、おめでとう。本学で思う存分学び、大いに人間的にも成長してください。

皆さんは将来、大学で得た知識や知恵、そして様々な力を生かして社会へ貢献することが期待されています。この期待に応えるためには、〝社会へ貢献する力〟を養う必要があります。抽象的ですが、それはたとえば、他人や他国を理解する力や、複数の人たちと協力・協調して仕事を進める力などのことです。また、専門分野に加え、幅広い学問分野の基礎的知識を身につけること、さらには芸術を愛することなども加わります。言い換えれば、現代社会に生きる私たちがもっておくべき素養、すなわち『教養』を身につけることです。

本学では、この教養教育を等しく全学部生を対象とする教育との意味で『全学教育』と呼んでいます。このリーフレットは、全学教育の構成やその意義、現在本学が重点的に取り組んでいる幾つかのことを簡潔に紹介したものです。皆さんが全学教育科目を選択し組み立てるときの参考にしてください。」

今月八日（月）、学務審議会・教養教育院・高等教育開発推進センターの三者が主催する教養教育特別セミナー、「東北大学のチャレンジ　グローバル時代の教養教育」を開催しました。この中で私は、教育を担当する理事として話題提供を求められましたので、上記のメッセージを中心に、全学教育はとても大事であることを述べました。一刻も早く専門教育を受けたいと願う人もいるでしょうが、専門知識そのものの賞味期限はとても短いこと、大事なことは学び続ける「力」をつけること、そのためには幅広い教養を身につけること、などを講演で述べました。すなわち。幅広い教養を土台に作ることが、より高度で強固な専門的知識が身につくというものです。ところで、このセミナーの冒頭に挨拶した総長の里見先生は、まず初めに大きな穴を掘らなければより深い穴は掘れない、との表現を使いました。里見先生はより深く、私はより高くと、方向が正反対の喩え話でした。皆さん、ここの部分、どう感じましたか。

（二〇一三年四月二〇日）

14 「教養の講義 最も役に立った」

前回の続きで、教養を身につけることの大切さについてです。繰り返しになりますが、先月八日（月）に行われた教養教育特別セミナー「東北大学のチャレンジ グローバル時代の教養教育」の中で私は、一刻も早く専門の教育を受けたいと思う人もいるかもしれないが、専門知識そのものの賞味期限はとても短いので、大事なことは学び続ける力をつけること、そのためには幅広い教養を身につけることが重要だ、と述べました。

その後、関西学院大学の宮田由紀夫先生の著書、『米国キャンパス「拝金」報告 これは日本のモデルなのか』（中公新書ラクレ413、二〇一二）を読む機会がありました。あるところに次のような記述を見つけました。「筆者も学生を相手に、『変化の激しい社会では、どんな知識が将来、必要になるかわからないから、幅広い教養を身につけたほうがよい』とか、『即戦力と思われる実学科目は知識の陳腐化も早いので、生涯にわたって勉強しなければならない。そのためには知的好奇心をもたなくてはならず、それはさまざまな教養科目を学ぶ中で身に就く』と、教養科目の長期的な実利性をついつい力説してしまう。」（二七ページ）この文章が使われている文脈は少し違うのですが、宮田先生は私とまったく同じような主張をしているのです。表現ぶりもほぼ同じで、これにはびっくりしました。

ところで、先月一九日付の読売新聞教育欄に「教養の講義 最も役に立った」との見出しで、上記の私たちの主張を支持するような調査結果を紹介する記事が掲載されました。昨年の四月、京都大学・東京大学・電通育英会が、二五歳から三九歳までの全国の大学卒会社員、三〇〇〇人を対象として調査した結果だそうです。「大学で最も成長に影響を与えた教育を振り返ってもらったところ、『教養の講義』が20・4％でトップだった。『卒業研究』17・9％、『専門の実験・実習など』の11・2％を上回った」とのことでした。「教養科目は、（略）一般には不評と思われていたが、（略）『社会にでると、教養を身につける大切さを実感するからでは』と（調査した研究者は）説明している」というのです。

皆さんはこの記事をどう思いますか。どうして教養の講義が「最も成長に影響を与える」のでしょう。それは、教養とは、私たちにとって「栄養剤」のようなものだからではないでしょうか。特に栄養剤を飲まなくとも、すぐに健康を害したり、死に至る病になったりはしませんが、飲んでいれば健康を保ち、病気にもかかりにくくなるものです。教養も、心の健康の維持にとても重要なのではないでしょうか。

（二〇一三年六月二〇日）

15　サークル活動、いま一度点検を

先月、駒沢大学の吹奏楽部の二名の部員が、遊泳禁止の措置が取られていた長野県野尻湖で溺れて亡くなったという悲しい出来事がありました。二名のうちの一名は、この四月に入学したばかりの新入生とのことです。約七〇名が参加した合宿期間中の出来事で、当日約五〇名の部員が野尻湖内の島に渡り、そのうちの半数が一斉に湖に飛び込んだとのことです。これまでもこのような一斉飛び込みは行われており、部の伝統行事、恒例行事であったことが事故後の調べで明らかとなりました。

いっぽう、昨年五月には小樽商科大学のアメリカンフットボール部が、キャンパス内でバーベキューパーティを行った際、アルコール中毒による死亡事故が起こりました。このパーティでは、何人もの部員が急性アルコール中毒症状となったようで、結局救急車で九名が病院に運ばれました。そして残念なことに、未成年であった一名の新入生部員が、救急搬送から二週間後に、治療のかいもなく亡くなったのです。このイベントでは、未成年のためにお酒を飲んではいけない人やお酒に弱い人に、飲酒を強要するようなことはなかったと大学側が報告していますが、下級生は上級生から勧められると、とても拒める状態ではなかったとも言われています。この出来事の背景には、飲酒に対する組織としての考え方に甘さがあったと言わざるをえません。

さて、皆さんのサークルの活動で、このような事故に至ってしまう可能性のあるイベントや行事はありませんか。いま一度、自分のサークル活動の点検をしてください。長年受け継がれてきた行事だから、先輩からもそうされたので、などの理由だけで続けているのであれば、思い切って断ち切りましょう。一旦事故が起こると取り返しがつかなくなります。実際、小樽商科大学の出来事では、後に多くの部員が重い処分を受けておりますし、そして何よりも、部そのものが廃部との処分がなされています。同大学のアメリカンフットボール部は、北海道1部リーグで二〇〇八年から四連覇中と、抜群の強さを誇っていたようです。この部に憧れて入学し、そして実

際入部していた部員もいたかもしれませんね。また、高校生の中には、この部に憧れて、小樽商科大学への進学を考えていた人もいたかもしれません。

未成年者や体質的に飲めない人、また、飲めても飲みたくない人に飲酒を勧めること、ましてや強要することは、アルコール・ハラスメント（アルハラ）どころか、れっきとした犯罪です。繰り返しますが、皆さんのサークルの一連の活動、いま一度きちんと点検をしてください。この際、悪弊を断ち切りませんか。

（二〇一三年六月二〇日）

16　失敗とはなんだ！

今月一九日（金）、青葉山キャンパスの工学研究科中央棟で、本学国際高等研究教育機構主催のパネル・ディスカッションが開催されました。テーマは「融合領域研究は未来を拓くか―若手研究者の飛躍で世界を牽引しよう―」で、三名のパネリストが、それぞれ講演と討論を行いました。三名のパネリストとは、本学一八代総長で長く総合科学技術会議委員を務められた阿部博之先生、この二月末まで工学研究科教授で、三月からは常勤の総合科学技術会議委員に就任された原山優子先生、そして昨年まで電気通信科学研究所の所長を務められた現教授で機構長の中沢正隆先生です。

この会の題名からも推測できますが、三名のパネリストの講演は、「複数の分野にまたがる融合研究は、一歩進んだ成果を生み出すことが多いので、若い皆さんも自分の学問の殻に閉じこもらず、自らの関心を大いに拡げてください、人的ネットワークも大いに拡げてください」というものでした。特に講演の最後の方では、各人の経験に基づいた熱いメッセージが発せられました。このメッセージの中に、三名の先生とも「失敗」について取り上げ、ほぼ同じことを述べておられたのが印象に残りました。

まず、中沢先生はその最後のスライドで、「決してあきらめない、あきらめたときが失敗」と表現しました。あきらめずに続けられるうちは、失敗は失敗なんかではないのだ、ということです。続く原山先生は、やはり最後のスライドで、「転んでもただでは起きぬ—研究者の日々のトレーニング」との表現がありました。失敗から学ぶことこそが重要なのだ、ということです。そして講演のトリを取られた阿部先生は、最後から二枚目のスライドで、「失敗に負けない、『失敗』を糧にする」と表現していました。三名の先生方とも、それぞれの分野で学問を切り開いて来られた方々です。そのような先生方からのメッセージですので、この会に参加した皆さんは大いに自信が湧き、難問にもチャレンジしようという気になったのではないでしょうか。

失敗に対する三名の先生方の考え、私ももろ手を挙げて賛成です。すでに別のところで書いたのですが、私自身は「失敗も成果である」と表現してきました。

ところでこの会の主催は上記機構ですので、機構に所属していない一般の学生や若手研究者の参加は少なかったのではないかと思います。私としては、三名の先生方の講演がとても素晴らしかったので、もっと参加してくれたら良かったのではと思っております。これから同じような企画があるときには、広く周知広報をしたほうがいいのではないでしょうか。

（二〇一三年七月二〇日）

17　スタディ・アブロード・プログラムへの参加を

本学国際交流センターは、今年初めて、日本語で行うサマープログラム、「東北大学日本語プログラム（Tohoku University Japanese Program：ＴＵＪＰ）を開講しました。短い募集期間だったにもかかわらず、学術交流協定を結んでいる八つの国と地域の大学から、二三名もの学生が参加してくれました。期間は七月二九日（月）から八月八日（木）と短いものでしたが、学生はボランティア家庭へホームステイをして、日本語と日本の文化や社会に深く触れる機会を得たことと思っています。

さて、このサマープログラムの開講式に出席しましたが、式では参加者からのスピーチがありました。彼は、日本の漫画やアニメに興味をもっていたので、このプログラムに参加したとのことです。スピーチでは、アニメキャラクターの魅力を実に詳しく紹介していました。話の途中、参加者から笑い声が出ていましたので、多くの留学生が日本の漫画やアニメを楽しんでいることがうかがえました。実際、この五月のことですが、ドイツにある日本学術振興会ボン研究連絡センター長の小平桂一先生（東京大学名誉教授・元国立天文台長）が本学を訪問されましたが、先生も、ヨーロッパでは日本の漫画やアニメが若者に大人気で、日本に目が向いていることを述べられていました。

海外の大学では、在籍学生に対する授業がなくなる夏休みになると、キャンパスは海外から来たサマープログラム受講者で占められます。カレッジやドミトリーと呼ばれる学生寮からも学生が退去して、参加学生滞在のために開放されることになります。サマープログラムの開講は大学のビジネスの一つになっていると言えるでしょう。本学と協定を結んでいる大学も例外ではありません。また、本学学生のために、本学と相手大学が共同して開発したサマープログラムもあります。私たちは、このプログラムを「スタディ・アブロード・プログラム（ＳＡＰ）」と呼んでいます。数週間から数か月間の短期海外研修です。どのようなプログラムがあるかは、国際交流センターのウェブサイトや、リーフレットに掲載されていますので、是非ご覧ください。リーフレットは国際交流センターや教育・学生支援部留学生課で入手できます。興味のある方は、どちらかの組織に直接問い合わせてもいいでしょう。

本学が関係するプログラムへ参加することのメリットとしては、授業料を大学側でもつこと、日本学生支援機構（JASSO）や東北大学基金からの奨学金（グローバル萩海外留学奨励賞）を受けることができ、個人で負担する費用は旅費・滞在費などの一部だけとなることが挙げられます。是非皆さん、このSAPへ積極的にチャレンジしてください。

（二〇一三年八月二〇日）

18　七大戦総合優勝を果たす

九月一七日（火）の朝、待ちに待った嬉しい知らせが学友会体育部長のN先生より伝えられました。前日まで行われていた七大戦（全国七大学総合体育大会）の最終競技種目である卓球で、男子が五位、女子が優勝したことで、この種目の前まで0・5ポイント差で一位であった京都大学を2・5ポイント上回り、本学が五年ぶり一〇回目の総合優勝を果たしたというのです。今年五二回目となる七大戦ですが、これで本学の優勝回数は、京都大学の一四回に次いで一〇回となり、東京大学とともに二位の成績となりました。その日の午後、部局長連絡会議・教育研究評議会が開催されましたが、その場で里見総長よりこの快挙について、嬉しいニュースがありますとの言葉で始まる報告がなされました。満場から拍手が起こったことは、言うまでもありません。

七大戦は四二の競技で争われます。冬季の競技もあり、昨年一二月から既に戦いは始まっていました。

本学はずっと上位の位置にあり、優勝もさることながら、二位や三位となった競技も多く、各種目、万遍なくポイントを重ねていったことが勝利の要因であると思われます。

ところで、総合優勝するには、競技する人数が多ければ多いほど有利になるはずです。ところが、本学の学部学生定員（一二三九六名）は、七大学の中では名古屋大学に次いで少ない方から二番目であり、最多の大阪大学（三二五五名）より一学年当たり八五九名も少ないのです。このような状況下での優勝ですので、嬉しさも格別です。

昨年五月のこの欄にも書きましたが、私たちは、皆さんが積極的に課外活動に参加し、その活動を通して心身を鍛え、そして結果として豊かな教養を身につけていくことを期待しています。良き師、良き先輩、良き仲間、ときには良きライバル、そして良き後輩と触れ合うことは皆さんの人生にとって、かけがえのない宝物となるはずです。そのため、私たちも快適な環境の下で課外活動を行うことができるよう、施設や備品などの整備にいっそう力を入れていきたいと考えています。

さて、本学の総合優勝を聞いた週の後半、私が所属する学会に出席するため、札幌の北海道大学を訪問しました。この機会に、二年前に建立された七大戦の記念碑を見ておこうと探しました。クラーク会館の前にあるとの情報だけでしたが、すぐに見つかりました。「七大戦茲に始まる」と題する碑です。「一九六〇～六一年　北海道大学体育会委員長稲見芳治氏　阿竹宗彦氏のご尽力により…」と始まる文章が刻まれていました。また、最後にはこの碑の建立者として、七大学と日本学士会の名前が刻まれていました。優勝の知らせを直前に受けてのことだけに、感慨深いものがありました。

（二〇一三年九月二〇日）

19　東北大学ユニバーシティ・ハウス

「ユニバーシティ・ハウス三条Ⅱ（以下、ＵＨ三条Ⅱ）」（居室数二一六室）が完成し、この一〇月から日本人学生と留学生が入居できることになりました。本学のＵＨ施設は、これで二〇〇七年四月にオープンしたＵＨ三条（四一六室）、そして今年四月にオープンしたＵＨ片平（四八室）に次いで、三つ目となります。三つのＵＨを合わせますと入居定員が六八〇人となりますので、別に本学がもつ六つの学生寮の入居定員である六五四人を上回る規模まで整備されたことになります。

　ＵＨは、大学を取り巻く厳しい競争的環境の中で、本学が国内外の優秀な学生・大学院生・研究者を惹きつける魅力を持った大学として存続するため、今後ますます進展する国際化そして学際化をリードできる人材を育てる目的で、日本人学生と留学生が混住する未来志向の居住施設として構想されたものです。最初に建設されたＵＨ三条は、「国際化をけん引できる人材の育成」、「独立したユニットで協調性・社交性の涵養」、「セキュリティに配慮した安全・安心・快適な環境」、「バック一つで新生活がスタートできる高品質の生活環境」などを基本コンセプトとして制度設計したとのことです。

　ＵＨは、八人（室）で一ユニットを構成し、ユニットごとに共同の炊事場や食堂が設けられています。一ユニットあたり、日本人学生と留学生が三人対五人、あるいは四人対四人と、ほぼ半々で構成することになっています。さらに、男子学生と女子学生がフロアーこそ違いますが同じ建物に住む場合もあります。混住という形態は、日本人学生と留学生が日常生活を通じてコミュニケーションをとることで、国際感覚を身に付けるとともに異文化理解を深めるのが目的で選ばれました。こうした本学の取り組みは注目されており、多くの国公私立大学が見学に訪れ、ＵＨのコンセプトを参考にして各大学でも取り組んでいるとのことです。

　ＵＨの入居資格ですが、学生寮とは異なり、経済的な面に制限を設けていないことが特徴です。また、実家が仙台にある方でも入居できます。なお、ＵＨ

にはアドバイザーとして先輩（前年にUHに住んだという意味）学生がいて、日常的な面での相談ができる体制となっています。また、現在は希望学生数に比べUHの室数がまだまだ少ないこともあり、留学生の入居期間は最長で一年という制限を設けております。詳しくは、本学のウェブサイトを参照するか、あるいは川内北キャンパス事務棟内の教育・学生支援部学生支援課に問い合わせてください。

本学はこのUHを今後ますます充実させる方向で現在検討を進めているところです。皆さん、ぜひUHを利用してください。

（二〇一三年一〇月二〇日）

20　東北大学史料館リニューアル・オープン

二〇一一年三月一一日の超巨大地震「東北地方太平洋沖地震」で被害を受けた本学の史料館が、大規模改修工事を終えて、このたびリニューアル・オープンしました。この九月二五日（水）の午後、一般公開に先立ち、学内関係者への内覧会が開催されましたので、私も参加してみました。今回は、その時に知ったことなどの紹介も兼ねた、史料館訪問のお誘いです。

先の地震で史料館の壁には多くの亀裂や傷が入り、屋根も痛んで雨漏りがするようになったとのことです。これは歴史的資料を収集・保管する役目を担う施設としては致命的な欠陥であるので、今回の大規模改修となったようです。そして改修に合わせ、1階に事務室と史料閲覧室を集め、2階は全面展示室とする模様替えも行ったとのことです。また、エレベーターも設置して閲覧者の便宜も図っています。この建物は、関東大震災の翌年の一九二四年に作られたもので、ほぼ九〇年の歴史をもちます。今回の地震の被害により修復せざるを得ませんでしたが、堅牢な建物であることには間違いないようです。

さて、リニューアル・オープンの企画展示は、「女子学生の誕生―一〇〇年前の挑戦―」と題するもので、九月二七日（金）から一二月二七日（金）まで開催されます。本学は、一九一三年、帝国大学として初めて女子学生を入学させた大学として知られています。当時、文部省から「女子学生を入学させるようだが、いかがなものか」という手紙が来ています。さて、今年はちょうど女子学生入学から一〇〇周年の年に当たり、八月八日には記念シンポジウムが開催されました。初めて入学した三人の女子学生のお一人である、黒田チカさんのお孫さんにあたる黒田幸太郎さんから、今年段ボール一三箱分の資料が贈られたとのことです。今回の展示では、黒田チカさんが恩師真島利行（まじまりこう：初代化学科教授、後に第四代大阪帝国大学総長）先生とやり取りした書簡などが展示されております。この企画展以外では、魯迅に関する展示も行われています。

皆さん、本学の歴史や先人たちの足跡を学ぶことも、大変重要です。そう、全学教育では、本学の歴史を学ぶことのできる授業科目も準備されています。東北大学史料館は、月曜日から金曜日までの午前一〇時から午後五時までの開館です。企画展示の期間中は、土・日曜日も開館しているとのことですので、詳しくはウェブサイトなどで確認して下さい。一番町や片平付近へ来る機会がありましたら少し足を伸ばして、片平キャンパスの本部棟の斜め向かいの東北大学史料館を訪問してください。

（二〇一三年一一月二〇日）

21　フェアプレーの精神

この一〇月三〇日（水）の夕方、川内北キャンパスの厚生施設で、本学体育部主催の「七大戦祝勝会」が開催されました。会には熱戦を繰り広げた学生、里見総長をはじめとする教職員、約二〇〇名が参加しました。会の中で、学友会副会長としての挨拶を頼まれましたので、大要次のような挨拶をしました。以下、「だ・である体」で記します。

「七大戦の優勝、誠におめでとう。ここでは、三つの話をしたい。まず、この九月一六日（月）から一七日（火）にかけてのことである。卓球競技が最後の種目であること、そして本学はそれまで総合二位につけていることは知っていた。そこで、競技結果を一刻も早く知りたく、インターネットで情報を収集しようとしたが、まったく得ることができなかった。結局一七日朝になり、体育部長のN先生から総長へ宛てた優勝報告のメールで知ることとなった。当日は学部長が参加する部局長連絡会議の開催日であった。会議の冒頭、総長よりこの快挙をアナウンスすることとした。総長による紹介が終わると、大きな拍手が起こった。本学全体がこの快挙をとても喜んだのは言うまでもない。

次に、私が快挙と言う所以である。それは、学生数は少ないけれども頑張った、ということである。本学の入学定員は二三九六名であり、七大学では名古屋大学の次に少ない。定員が一番多いのは定員三二五五人の大阪大学で、本学より一学年あたり八五九人も多いのである。これは大きなハンディである。それでも諸君は、少数であるが工夫し集中した練習と鍛錬で、優勝を勝ち取ったものである。これからもそうであって欲しい

最後に、この優勝を決めた後に、私が学会出席のため北海道大学を訪問し、七大戦の記念碑を見た話である。二年前の第五〇回大会は北大で行われ、この五〇回を記念した碑が建立されたのである。碑はクラーク会館の前にあるというので訪れたところ、簡単に見つかった。碑には、『七大戦茲に始まる』との題に続き『一九六〇〜六一年　北海道大学体育会委員長稲見芳治氏　阿竹宗彦氏のご尽力によ

り』と始まる文章が刻まれていた。私は、阿竹氏とともに稲見氏の名前が書いてあることを見てうなった。多くの文献では、七大戦は阿竹氏の奮闘でできたという説明がなされている。そのことに間違いないのだが、『七大戦』というアイデアは、彼の前の体育会委員長である稲見氏のものであったのだ。そのことがこの碑に明記されている。私はこの文章に『フェアプレー精神』を見て感動した。七大戦は、とりわけフェアプレーを重んずる大会である。これからもずっとそうあって欲しいと願っている。」

（二〇一三年一二月二〇日）

22　楽観的であれ

日本経済新聞の最終面に「私の履歴書」という欄があります。功成り名を遂げた方が、自分の歩んできた道を振り返り、その時々に何を思い、そしてどのような決断をして歩んできたのかを書いた、いわゆる「自分史」ともいうべき記事です。一回あたり一五〇〇字程度で全三〇回の連載ですので、全部合わせますとちょっとした冊子ができる分量となります。その折々の出来事が詳しく書き込まれており、子供のころから現在まで、その方の歩んできた道を知ることができます。私は、この欄に登場するすべての方々の記事を読んでいるわけではないのですが、とても含蓄に富む文章に出会うことが多々ありますので、研究者の方が登場したときは読むようにしています。

昨年の一〇月のこの欄は、一九八七年にノーベル生理学・医学賞を受賞された分子生物学者の利根川進先生が執筆しました。京都大学理学部を卒業されて、大学院の途中で米国に渡り、現在、米国マサチューセッツ工科大学（ＭＩＴ）の教授をされています。利根川先生の最後となる三〇回目の記事は「日本の生きる道」と題するもので、一〇月三〇日に掲載されました。

この記事の中の一節に、次のような文章がありました。「私は、基本的に楽観的な人間がサイエンスに向いていると思います。困難にぶつかっても簡単にはめいらない、あきらめない人です。私自身、いやなことがあっても一晩眠れば立ち直れます。」さらに、「それとプライオリティ（優先順位）がしっかりしていること」、「また、テイストがよいことも大事です。あまたあるアイデアの中から、どの実験を選ぶのか、どの師を選ぶのかもテイストです」と、三つの点を指摘しています。最後の「テイスト（taste）」ですが、強いて和訳すれば、「審美眼」でしょうか。あるいは、日本語としての「センス」かもしれません。

利根川先生の挙げた楽観的であることの重要性は、二〇一〇年のノーベル化学賞を受賞された米国パデュー大学の根岸栄一先生も指摘していました。難しい問題に立ち向かうときには、挫折することが多いものだが、それでも諦めずに続けていれば、いつかは乗り越えることができる、その様な希望をもって研究することが重要だと。根岸先生はこれを「永遠の楽観主義」と表現しています。

この楽観主義、恩師である一九七八年のノーベル化学賞受賞者、故ブラウン先生（H.C. Brown、1912-2004）から影響を受けたと根岸先生は述べています。私たちが楽観的であるかどうかは、生来のものであるような気もしますが、ともあれ皆さん、いつも楽観的で前向きであることが良さそうですね。

（二〇一四年一月二〇日）

23　入学前海外研修「High School Bridging Program」について

一昨年の秋、本学は、文部科学省「グローバル人材育成推進事業」の全学推進型に採択された全一一校の中の一つに選ばれました。この事業の一環として、本学は入学前海外研修「High School Bridging Program」を今年度から行うこととしました。本学への入学はもちろん四月ですが、三月に海外研修を行うプログラムです。毎年一一月に行われるＡＯ入試Ⅱ期（文・理・工の三学部）、推薦入試（農学部）、科学オリンピック入試（理・工の二学部）に合格した約一九〇名を対象として、参加者を募集します。参加者は本学と学術交流協定を結んでいる米国カリフォルニア大学リバーサイド校（ＵＣＲ）において、約二週間の研修を受けることになります。ＵＣＲには本学のオフィスが設けられており、また、リバーサイド市は仙台市の姉妹都市の一つです。

このプログラムは、本学での事前研修とＵＣＲでの研修から構成されています。ＵＣＲの研修では、まず、本学の教員から、本学の教育方針やグローバル人材育成に関する取り組みや考え方について学びます。次に、ＵＣＲの教員から、英語によりアメリカ文化の中に混在する多文化社会について学びます。英語の授業を受講することで語学学習への意欲を高め、また、ホームステイを通して異文化理解を促進します。このような入学前海外研修の試みは、私立大学でもごく少数の大学でのみ行われているだけで、国立大学では本学が初めて導入するものです。今年度は一五名の定員としていましたが、応募してくれた一七名の方全員が参加できるようにしました。

この応募に当たり、参加者から六〇〇字程度のエッセイを提出してもらいました。私も読ませてもらいましたが、皆さんとても前向きで、大学での学習や課外活動に大きな期待を寄せていることが分かりました。将来宇宙探査機の開発に従事したいＡ君は、「日々の学業を通して様々な人たちと触れ合い、物事の様々な捉え方、考え方を学んでいきたい。何よりも自分の知らない世界を開拓していくことに対して、常に前向きでありたい」と記しています。一方、将来宇宙探査チームリーダーになりたいという

B君は、「私はリーダーとは一見関係無いように見える今回の研修への参加や、ユニバーシティ・ハウス三条への入居を希望している」と記していました。

参加者と引率教員は、三月九日（日）に成田から出発します。帰国は三月二二日（土）の予定です。参加者の皆さんには、大いに研修を楽しんでもらいたいものです。そして、四月からは、晴れて本学の学生として、日々の学習にその研修の成果を生かすとともに、研修で体験したことを周囲の人たちへ伝えてくれることを期待しています。

（二〇一四年二月二〇日）

24　大学を選んで良かった

二月一七日（月）の午前、二年次学生と学務審議会メンバーとの懇談会が開催されました。二〇〇五年度から始まったこの懇談会は毎年この時期に行っているもので、「全学教育」の質をいっそう充実する目的で、受講し終わったばかりの二年次学生から、直接意見や要望を聞くために開いているものです。一〇の学部からそれぞれ一～三名、加えて学友会文化部と体育部から各一名の、計一五名の学生が参加してくれました。学務審議会からは、委員長である私、教務委員会委員長、教育情報・評価改善委員会副委員長、教養教育院所属の先生の計四名が参加しました。

「全学教育」とは「全学部の学生を対象とする教育」のことで、本学では教養教育とほぼ同義です。懇談会席上、学生の皆さんからは、英語や第二外国語を高年次までやってほしい、芸術関係科目を充実してほしい、シラバスをもっと詳しくしてほしい、選択科目にはお試し期間を取ってほしい、など多くの要望や意見が出されました。また、多くの皆さんが、基礎ゼミや展開ゼミを受講することで、学部を超えて友達ができた、自分が授業に参加しているという実感があったなどと高く評価してくれました。これらのゼミでは、少人数の課題探求型（PBL型）の授業、あるいは先生によっては課題設定型（IBL型）の授業を行っています。展開ゼミは、基礎ゼミが好評でしたので、その進化版・深化版として今年度の第2セメスターに初めて約三〇コマを開講したものです。

参加してくれた学生の中に医学部保健学科の女子学生Aさん、工学部情報知能システム総合学科の男子学生B君がおりました。二人とも単に資格を取得したり技能を身につけたりするのであれば、大学でも専門学校でも同じとのことで、どちらを選択するのか、とても迷ったのだそうです。しかし、ご両親の勧めなどもあり、最終的に本学を選んだとのことでした。会では、お二人とも大学に入って良かった、自分の専門分野を広い視野の中に位置づけることに役に立ついろいろな授業を全学教育で受けることができたから、と述べていました。私は、この発言を聞いてとても嬉しくなりました。まさに、そのような力を受けることが、全学教育が目指しているところでもあるからです。

多くの皆さんから、入学当初から全学教育の大事さや面白さをもっと教えてもらいたかった、そうすれば科目選択をもっとうまくできたかもしれない、などの感想も出ました。ちょうど今年度、私たちは全学教育の大切さを訴えるためにリーフレット「全学教育ガイド」を作成し、一年次学生に配布していたところでした。今後も全学教育の重要性について、周知や広報に力を入れたいと考えています。

（二〇一四年三月二〇日）

25　レポート作成のための手引き

本学の教育全般に関する事項を審議する機関として「学務審議会」が設けられています。学部、研究科、研究所等からの委員で構成されるこの審議会は、毎月一回開催され、教育に関する様々な事項を審議します。その下部の委員会の一つに教務委員会があります。昨年度、この教務委員会で「レポート作成のための手引き」を印刷したクリア・ファイルを作成しました。新入生の皆さんは既に入手されていると思います。二年次以上の学年の皆さんの中で入手したい方は、多少は準備していますので、川内マルチメディア棟1階のＳＬＡ（Student Learning Advisor）活動室を訪問してください。

さて、クリア・ファイルの裏面に、レポート作成に関する四つのＱ&Ａが書かれています。Ｑ１は「『レポート』を書く目的ってなんですか?」です。以下、Ｑ２は、「『良い』レポートってどんなレポートですか?」、Ｑ３は、「レポートを書く上で『やっていけないこと』はありますか?」、そしてＱ４は、「これからレポートを提出します。最後のチェックポイントを教えて下さい!」です。Ｑ３では、絶対行ってはいけない、不正行為となる「捏造（ねつぞう）」・「改ざん」・「剽窃（ひょうせつ）」を取り上げています。「剽窃」とは「盗用」とも言いますが、インターネットなどを利用し、ウェブサイトに掲載されている他人が書いた文章を、あたかも自分自身が考えたかのように無断で引用する行為です。また、このようなことを「コピー&ペースト」、略して「コピペ」と表現することもあります。

年明け早々、理化学研究所の若手研究者を中心とする研究チームが、万能細胞の一つである「ＳＴＡＰ細胞」の作製に成功した、と大々的に報じられました。このニュースは、世界中の研究者に、そして社会に大きな衝撃を与えました。しかしその後、論文には不適切な部分があるとの指摘があり、調査が行われました。その結果、二つの画像に捏造と改ざんの意図的な不正があったとの報告書が、四月一日に公表されました。これに対し第一著者は、正しくない画像が掲載されたとの事実を認めつつも、「悪意」をもって行ったのではないとし、再調査を求めました。この件、どう落ち着くのか、もうしばらく時間がかかるようです。

皆さんは授業でレポート提出を求められる機会も多いと思います。レポートでは与えられた課題に対し、自ら考えたことや調べたことをまとめ、教員に理解し納得してもらう必要があります。コピペなどの不正行為は厳禁です。良いレポートを準備するには、明快な文章を書くことから始まって、使えば有効なテクニックもありますのでそれを覚えることも必要です。レポート作成で、分からないことがあったら、SLA活動室を訪ねてみてください。

（二〇一四年四月二〇日）

26　サウジアラビアの高等教育政策

先月一四日から一八日まで、サウジアラビアの首都リヤドを訪問しました。同国の高等教育省が主催する第五回高等教育コンファレンスに招待されたからです。本学から参加したのは、留学生課のK係長と歯学研究科のT先生、そして私の三人です。

国際展示場で開催された三日間のコンファレンスは、三つの要素から構成されていました。一つ目はシンポジウムで、今回は「イノベーション」がテーマでした。二つ目は、ワークショップと呼ぶ四五分間の大学紹介で、三日間で七五の大学が行いました。三つ目は、巨大な展示場の中にブースを設けての大学紹介です。世界中から約三五〇の大学が参加していましたが、日本からは、本学のほかに東大、京大、阪大、名大、早大など、一五の大学が参加しました。国別では、米国が圧倒的に多く一〇八大学、ついでイギリスが七七大学、サウジアラビアも一五ほどの大学がブースを設けていました。会場には、サウジアラビアはもちろん、エジプトやアラブ首長国連邦などの周辺諸国からも大学生や高校生が多数来場し、留学したい大学の情報集めをしていました。主催者は三〇万人が訪問すると発表していましたが、この数字は大げさすぎるようです。

会場では、学生たちはにこにこしながら「こんにちは」の挨拶とともに私たちのブースへやってきました。そして、情報を集めた後は、「さようなら」や「有難う」と挨拶して離れていきます。彼らの話では、日本のアニメを吹き替えではなく字幕で観ているとのことで、自然と挨拶の言葉は覚えるようです。ところで、男女を問わず何組かのグループからは、写真を撮らせて下さいとの申し出がありました。同国では写真を撮ること、特に女性の写真を撮ることは厳禁と聞いていましたのでこれは驚きでした。コンファレンスへの参加は学校行事のようですので、写真を撮ることでブースを訪問したことの証拠にしようとしたのではないでしょうか。

サウジアラビア政府は、石油や天然ガスの枯渇後のことを考え、国の繁栄のためには人材育成が重要との認識で、多くの若者を先進諸国へと送り、高等教育を受けさせようとしています。このコンファレンス開催もその一環です。現在送り出している学生数は約一五万人で、全員に奨学金を与えているとのことです。日本大使館に勤めている現地の方は、日本へは約六〇〇名の優秀な学生が来ており、日本の教育の質はとても高いとの話をしていました。この出張を通して、同国の高等教育に対する熱心な取り組みと、そして若い人の教育を求める貪欲さのようなものを感じることができました。

（二〇一四年五月二〇日）

27　美術館や博物館の
キャンパスメンバーズ制度

五月三一日の土曜日、青葉山キャンパスでの打ち合わせに行った帰り道、川内の宮城県美術館に行こうとふと思い立ちました。この日から、手塚治虫と石ノ森章太郎両氏の作品を題材とした、「マンガのちから」がテーマの特別展が開催されることを思い出したのです。既に四時近くになっていたのですが、今回全部見られなくとも、次回また来ればいいとの軽い気持ちで立ち寄ったのでした。案の定、あっという間に一時間が過ぎ、最後まで観ることができずに美術館を出ることとなりました。常々、もう少し閉館時間を遅くしてもらいたいと思っているのですが、皆さんはどうでしょうか。

さて、この入場に際し私が払ったのは正規入場料の半額、六〇〇円でした。これは本学が、宮城県美術館のキャンパスメンバーズ制度に加入しているからです。キャンパスメンバーズ制度とは、「学校教育において美術館を有効に活用していただくことと、学生や教員の皆様の美術に親しむ機会をより豊かにすることを目的とした、大学等を対象とした会員制度」です（同館ウェブサイトより）。これに加入すると、次のような五つの特典があります。①常設展は何度も無料で入場できること、②特別展・企画展は半額で入場できること、③情報が提供されること、④研修などを特別に配慮してもらえること、そして、⑤メンバーは館内エントリーに表示されること。皆さんは、入り口で学生証を提示することで、私たち教職員は身分証を提示することで、特典を得ることができます。

この制度は個人が加入するのではなく大学が機関として加入します。宮城県美術館には、県内の大学など一六校が加入しているようです。本学は、今から三年前の二〇一一年秋に加入しました。このときのことはよく記憶に残っています。その年の秋に、待ちに待った「フェルメールからのラブレター展」が開催されました。何せフェルメールが大好きですので、この時私は、前売り券を四枚も購入したのです。購入直後に、この制度に加入したとのアナウンスが流れたのでした。自分の運の悪さ（？）にがっかりしたものです。閑話休題。同じ制度が仙台市博物館にもあり、もちろん本学も加入しています。

　皆さん、特に川内キャンパスにいる皆さん、宮城県美術館も仙台市博物館もすぐ近くです。ちょっとした空き時間に、そして散歩がてらに、ふらりと訪れてみるのもいいのではないでしょうか。常設展は無料ですし、特別展も正規入場料の半額を払うだけです。この金額、一回の食事代程度ですね。そう、皆さんに勧めるだけではなく、私もまた行くことにしましょう。「マンガのちから」ももう一度見たいし、素敵な作品との出会いがあるかもしれません。


（二〇一四年六月二〇日）

28　「ぼっち席」は必要？

先月七日（土）付の読売新聞に、「学食に『ぼっち席』」、『相席イヤ』テーブルに仕切り」の見出しの記事が掲載されました。テーブルの中央をついたてで仕切り、一人用の席を設ける動きが大学の食堂（学食）で広がっているとのことです。この記事によりますと、京都大学の学食で二〇一二年に導入したのが始まりで、「一人ぼっち用の席」ということから「ぼっち席」と呼ばれるようになったようです。この「ぼっち席」は学生に大変好評で、多くの大学に広まりつつあるとのことです。ただ記事では、教員側から「学生が交流しやすいよう工夫が必要」との指摘もあり、このような「ぼっち席」流行の動きを「大学側は複雑（に感じている）」とありました。

　明治大学教授で仏文学者の鹿島茂さんは、毎日新聞に「引用句辞典―トレンド編」を連載しています。毎回楽しみにしているエッセイの一つですが、六月二二日（日）付のこの欄で、「ぼっち席」が取り上げられました。この欄は、小説などから有名な一節を引用し、現在日本の社会状況などを題材に、その意味するところを解説するとのスタイルをとっています。今回の引用は、アントワーヌ・ド・サン＝テグジュペリの「星の王子さま」からでした。

エッセイは、「新校舎に移転し、毎週、大学の食堂で食事をとるようになった。驚いたのは『ぼっち席』と呼ばれる一人用の席がかなりの面積を占めていること」で始まります。そして、その席でカレーを食べているうちに、「星の王子さま」の有名な一節を思い出したのだそうです。鹿島先生は、「ぼっち席」が好評なのは、日本が、匿名性の原則が支配する社会になったためであり、そしてその理由は、お互いが「たった一人の人間」になるよりも、全員が他人であるほうが面倒くさくないからだと分析します。そしてこのエッセイの最後をこう結びます。

「かくて、現代日本という星に舞い降りた『星の王子さま』は、匿名性の原則に拒まれて（略）、理の当然として『きずなを結ぶ』こともかなわず、ひとり寂しく大学食堂の『ぼっち席』に座り続けることになるのである。」

調べてはいませんが、本学の学食ではまだこのような「ぼっち席」を設けていないのではないでしょうか。私個人は設けなくともいいのではないかと思っています。確かに、大勢の学生や教職員が学食を利用しますので、言葉を交わしたこともない人が同じテーブルになることも多々あるでしょう。それでも何かの縁ですので、協力し合いましょう。席を同じテーブルにとるとき、「この席は空いていますか、利用させてもらっていいですか」などといって座れば、何か新しいことが始まるかもしれません。

（二〇一四年七月二〇日）

29　皆と一緒の食事

前回は京都大学から始まったという学食の「ぼっち席」について書きました。この「ぼっち席」、本学には作ってほしくないと思っています。

さて、毎日新聞は毎週日曜日に「時代の風」というコラムを掲載しています。数名の方が交代で担当しており、分量が二〇〇〇字程度となかなか読み応えがあるコラムです。八月三日のこの欄は、この一〇月から京都大学総長に就任する山極寿一先生による「サル化する人間社会／低下する共感や連帯」との見出しの記事でした。山極先生は霊長類、中でもゴリラ研究の第一人者と評されています。

「人間以外の動物にとって、生きることは食べることで」、それには「いつ、どこで、何を、誰と、どうやって食べるか、という五つの課題を乗り越えねばならない」と述べます。そして「古来、人間の食事は（略）、他者との関係の維持や調整という機能が付与され（略）、どの文化でも、食事を社交の場として莫大な時間と金を消費してきた」と分析します。そしてこれは、サル社会とはまったく正反対であるというのです。ところで現代日本では、二四時間営業のコンビニエンスストアなど、流通手段の発達や技術の開発などにより、「食事の時間を短縮させ、個食を増加させて社会関係の構築を妨げているように見える」、すなわち「サルの社会に似た個人主義の閉鎖的な社会を作ろうとしているように見える」とし、「今一度、日本文化の礎を見直し、和の食と心によって豊かな社会に至る道を模索すべきだと思う」と結んでいます。

私も山極先生のこの結論に大賛成です。そうそう、ずいぶん前になりますが、「悪妻弁当」と題してエッセイを書いたことがあります。研究室の皆と学食でわいわい話をしながら食事をするのがいいのだ、という話です。研究室とは違った環境で、研究とは関係ない話題であったとしても、むしろそうであるからこそ、いいコミュニケーションの機会となります。また、心身の異変や健康状態などにも気づく機会にもなるのですから。

多くの皆さんは、顔を突き合わせてコミュニケーションするのは、面倒くさいと感じているのでしょうか。皆さんは子供のころから携帯電話が身近にあって、それが最近スマホに代わり、情報収集もコミュニケーションもスマホで行っているようです。相手を目の前にして会話を続けることは、確かに気を使います。しかし、現代社会の基本は、顔と顔を突き合わせてのコミュニケーションです。言葉、その抑揚、顔の表情やしぐさ、すべてが合わさってコミュニケーションが成り立ちます。さあ、厭わないで積極的に皆と交わりましょう。ところで山極先生、京大学食のぼっち席、今後どうしますか？

（二〇一四年八月二〇日）

30　七大戦、連覇なる！

今年の第五三回全国七大学総合体育大会（七大戦）は九月一四日（日）に最終種目が終わり、本学の二連覇で幕を閉じました。これで、通算一一回目の優勝となり、京都大学の一四回に次いで、単独で二番目に優勝回数が多い大学となりました。ちなみに三位は東京大学の一〇回です。また、本学はこれで、四回目の「主管破り」（主催している大学を破り優勝すること）を果たしたことになります。昨年一二月のアイスホッケーとスキーから始まった今大会の本学は、常に二位の好位置につけ、九月に入って行われた男女卓球の頑張りで、一位をキープしてきた東京大学を抜き去り、そのまま有終の美を飾ったのでした。

大会も押し詰まった八月末、七大戦の公式サイトから、本学は東大に次いで9ポイント差で、二位であることを知りました。そこで、課外活動の支援を行っている学生支援課の担当係に今後の見通しを聞いたところ、昨年の戦績を今後の種目に入れて最終ポイントを計算すると、逆転して一位になるとのことでした。これはいけるかもしれないということで、体育部長のN先生にお願いし、まだ残っている種目の学生リーダーと顧問の先生に激励の声をかけていただきました。それが功を奏したのか分かりませんが、見事昨年に続き、最後土壇場で逆転しての優勝です。

以前にも書きましたが、本学の学部生の入学定員（二二九六名：平成二六年度）は名古屋大学（二二〇七名）に次いで少ないのです。最も多いのは大阪大学（三二五五名）、次いで東京大学（三〇六三名）、そして、京都大学（二八六六名）、九州大学（二五五五名）、北海道大学（二四八五名）となります。学生数の多少は、やはり、ハンディキャップとなるのではないでしょうか。それでもこのような人数の差をものともしないでの優勝ですので、私は、「本学は少数精鋭で、集中した合理的な練習で技を磨いている」と表現してきました。最近、これに関し、六〇年前に本学スキー部の初代部長であった加藤愛雄（よしお）先生が、「研究的立場」でスキー技術を身につけることと主張されていたことを知りました。確かにそうですね、「研究第一」を理念とする本学にふさわしい部活動の態度と言えるでしょう。

さて、来年の第五四回七大戦は本学が主管校となります。本学はこれまで七回主管校となっていますが、一度も主管破りをされていません。当然来年も優勝で、三連覇です。三連覇はこれまで東京大学が二回、京都大学が一回達成していますが、来年は本学もこの仲間入りです。そして再来年も優勝して、前人未踏の四連覇といきましょう。こんな大言壮語、鬼さんが笑っていそうですね。

（二〇一四年九月二〇日）

31　課外活動を「研究的」立場で

先月の五日（土）、山形市の蔵王で、本学スキー部主催の「萩雪ヒュッテ利用50周年　感謝の集い」が行われました。「萩雪」は「しゅうせつ」と読みます。一九五二年創設のスキー部のＯＢ・ＯＧの会を「萩雪会」と呼んでいたのだそうです。そこで、一九六四年に竣工したヒュッテの名称を萩雪ヒュッテとしたとのことでした。萩は仙台市の花でもありますし、二〇〇七年、本学の百周年を記念して制定した本学のロゴマークも、萩の葉をモチーフにしています。萩は「東北大学の花」とも言えるでしょう。

さて、私も職指定で学友会副会長を仰せつかっておりますので、この感謝の集いに招待していただきました。その式でのスキー部部長のＨ先生の挨拶の中のことです。初代部長の故加藤愛雄（よしお）先生（本学名誉教授、1905-1992）が、部誌の第一号に以下のような文章を書いていることを紹介されました。加藤先生が初代スキー部部長であることも、その内容にもとても驚きました。「（略）大学のスキー部として自ずからその活動には大きな独自の特色をもたなければならない。私はそのことのために全てが『研究的』立場であることを望みたい。スキー部に入ってスキー技術を身につけるに当たっても全てが研究的であり、批判的であり、進歩的であること、ツアーに当たっても、気象に雪質にどこでもスキー部としての研究材料がある。それらに興味を有してもらいたい」（森昌造「東北大学スキー部50年によせて」、スキー部五十周年記念誌（1952-2002）、3～7ページ）。

加藤先生は私が所属している理学部地球物理学教室の（当時の）地球電磁気学講座の先生だった方です。私が教室に分属した一九七四年には既に退官されておりましたので、講義は受けていません。一九八四年に私の恩師鳥羽良明先生が海面の波動（風波）に関する国際研究集会を仙台で開催したとき、日本文化を紹介するカルチャー・プログラムも設けました。その中で、尺八の名手である加藤先生はお琴などとともに合奏してくださいました。このとき、私の役目は車で先生のご自宅までお迎えに上がることでした。

閑話休題。先月のこの欄で加藤先生のことを書いたのは、このような事情があったからです。文化部・体育部を問わず、東北大学のサークルとして全てにおいて「研究的」立場で行うこと、これを私も望みたいし、皆さんは既に行っているようです。今年馬術部は七大戦で連覇しましたが、馬術競技では主幹校の馬を使いますので、主幹校が断然有利とのことです。部員の方に話を聞きましたところ、試合前に皆で馬を観察し、一頭一頭の癖や特徴を見極めてから試合に臨んだのだそうです。まさに、研究的立場の実践ですね。

（二〇一四年一〇月二〇日）

32　大学図書館の新しい機能

近年、大学図書館の役割が大きく変わろうとしています。情報通信技術が長足の進歩を遂げていますが、これらが教育現場に取り入れられたこと、さらに教育方法も変化していることによります。大学マネジメント研究会が発行する機関誌「大学マネジメント」の二〇一三年一〇月号は、「大学図書館の新しい姿」がテーマでした。千葉大学図書館長の竹内比呂也氏は、大学の図書館は従来研究支援の色彩が強く、教育のためにはどのような機能をもつべきかが議論されたのはごく最近のこと、と指摘しています（2～8ページ）。

新機能の一つが、学生自らが主体的に学ぶ、いわゆる「アクティブ・ラーニング（active learning：AL）」を支援する学習空間です。このような空間を「ラーニング・コモンズ（learning commons：LC）」と呼んでいます。人数によってレイアウトを変えることができる移動自由な机や椅子とともに、ホワイトボードやスクリーン、プロジェクター、そしてパソコンなどが準備されます。また、個室やグループ学習室も整備されます。

川内南キャンパスにある本学図書館は、一昨年の一一月に、このようなLCを整備しました。その後も改修を続け、この一〇月にリニューアルオープンしました。今回の改修の目玉はいくつかありますが、皆さんに関係するものとしては、国際化に対応した「グローバルフロア」の新設があります。2階に整備されたグローバルフロアは、資料室と学習室から構成されます。資料室には、国連やEUなどの資料、さらには震災ライブラリーなどが整備されます。この資料室には約一〇〇席の閲覧席が設けられ、静寂エリアとなっています。一方の学習室は、外国人学生と日本人学生の共修や自主学習を支援するグループ学習ができる空間です。ここには「英語多読学習」のための本などが多数備わっています。また、「留学生コンシェルジュ」が毎日待機し、皆さんの学習や活動のサポートを行います。また、外国の方を呼んでのシンポジウムやワークショップ、セミナーなど、国際交流のイベントも行うことができます。

皆さん、図書館を大いに利用してください。様々なグループ学習ができると書きましたが、一人の利用でも大いに結構です。上記雑誌の小山憲司氏の論文によれば、学習には「個別学習」や「グループ学習」のほかに、「孤独な学習（studying alone）」があるのだそうです（11ページ）。「孤独な学習」とは、「同じ場所で学習している学生の存在が刺激となり、自分も学習に集中できたり、励みになったりする学習スタイルのこと」と定義がありました。皆さん、まずは図書館に足を踏み入れてみましょう。あなたの居場所がきっと見つかります。

（二〇一四年一一月二〇日）

33　津波襲来を「想定内」の出来事にしたヨット部

一二月六日（土）に、七ヶ浜町吉田浜で、本学ヨット部の新艇庫完成と創部七五周年記念の式典が開催されました。私も学友会副会長として式典に招待され出席しました。従来の艇庫は、二〇一一年三月一一日（金）の超巨大地震「東北地方太平洋沖地震」による大津波で跡形もなく流されてしまったので、文部科学省からの震災復旧資金により新艇庫を建設していたのです。新艇庫は鉄筋コンクリート3階建ての立派なもので、1～3階は四艇ほど収容できる艇庫、ミーティングルーム、作業室です。3階の部屋からは、塩釜湾や松島湾に出入りする様々な大きさの船が見えていました。

この式典に出席するために、ヨット部の部長T先生や、ヨット部OB・OG会である白翠会の幹部の方から、事前に式典のレクチャーを受けました。その時の資料の一つに、「3・11東日本大震災における津波からの避難報告（改訂版）」（東北セーリング連盟、二〇一二年三月一一日）と題する冊子がありました。地震のとき、ヨット部は海で練習していたこと、そして全員が無事避難して津波からの被害を免れたことは以前から知っていましたが、この冊子を読んで、その内実が分かりました。実は次のようなことだったのです。

3・11地震が起こる二日前の三月九日（水）の午前一一時四五分、マグニチュード7・3の地震が三陸沖で発生しました。この地震でも津波が発生し、岩手県の大船渡市では高さ五五センチメートルの津波を観測しました。ヨット部では一年前の二〇一〇年二月二七日に起こったチリ地震による津波への対応の反省もあり、津波襲来に対する対応のシミュレーションを行ったとのことでした。これを踏まえ、地震発生当日は、津波対策のために陸上へ部員を残していたのです。陸上部員が大きな地震が起こったことを知るや、海へ出ていたヨットにすぐ連絡して着艇させました。陸に上がると、部員たちはライフジャケットも脱がないまま避難行動をとったのです。二〇名が四台の車と原付バイクを利用し、渋滞に巻き込まれつつも名取市や仙台市へ無事避難することができたのです。

この全員無事避難という奇跡に近いことを記録に残すために、この冊子は作成されたとのことです。東北セーリング連盟会長の棚橋善克さんは、「準備万端・臨機応変（第二版の序にかえて）」と題する巻頭言を寄せています。まさに、「備えあれば、憂いなし」です。震災直後に「想定外」という嫌な言葉が流行りました。ヨット部の部員たちは、事前に津波襲来をシミュレーションし、3・11の大津波の襲来を「想定内」にする取り組みをしていたのです。これはなんと素晴らしいことでしょう。私はこの冊子を読んで、感激してしまいました。

（二〇一四年一二月二〇日）

34　コピペはカンニング

私たちは研究の過程であるひとまとまりの成果が得られたときは、論文にまとめ公表します。公表する場は、学会や出版社が定期的に出している学術誌(academic journal)です。研究者は、成果を世界中の研究者に読んでもらいたいので、理系の分野で特に顕著ですが、論文を英文で書くことが常識となっています。英語が研究者コミュニティの公用語なのです。そのような事情から、日本で出版している雑誌でも、英文論文を掲載している雑誌を国際誌(international journal)と呼ぶこともあります。

ところで、研究とは、それまでの知見（知識、すなわち、分かっていること）に新たな知見を付け加えることです。したがって、論文の序論（あるいは「はじめに」）で、扱う対象の最新知見とはどのようなものであるのかを、過去の論文を取り上げて論ずることになります。論文の中に、他の論文を取り上げることを「引用（citation）」といいます。誰々さんが既にこういうことを見つけていた、あるいは考察していた、とレビュー（review）することです。きちんとなされていない論文は、論文の審査（査読）過程で、きちんとレビューするようにと、厳しい指摘をうけることになります。きちんとすることで、翻ってその論文で何が新しくわかったのかを明瞭にアピールできるようになります。

さて、皆さんが書くレポートでも同じことが言えます。新しい知識や考察を、自分の言葉で表現することが求められているのです。私たちは現在、インターネットを利用することで様々な事項を手軽に調べることができるようになりました。キーワードを入れれば、たちどころに多くの情報を得ることができるのです。しかし、これらの情報を、ただ寄せ集めるだけではレポートにはなりません。それだけでは、既存の情報なのです。皆さんのレポートに求められているのは、その既存のものに追加する新しい考察なのです。新しい考察ですから、皆さん自身の言葉で書くことになります。したがって、書かれた文章は過去に誰も書かなかった文章ということになります。

繰り返しですが、インターネットで見つけた文章を適当につなぎあわせてレポートを作成しても、意味はありません。ましてや、それをあたかも自分の考えであるかのごとく表現することは、フェア（公正）ではありません。それは、研究不正の一つである「剽窃（ひょうせつ）」あるいは「盗用」という行為なのです。「コピー・アンド・ペースト（copy and paste）」、略して「コピペ」行為なのです。筆記試験での不正行為にカンニングがありますが、コピペもこの行為と同じなのです。皆さん、レポートでは、自分で考えて、そして自分の言葉で、自分なりに表現することが大切なのです。

（二〇一五年一月二〇日）

35 「トビタテ！留学ＪＡＰＡＮ」プログラム

皆さんは右のタイトルのプログラムを知っていますか？ 正式なプログラム名称は、「官民協働海外留学支援制度～トビタテ！留学ＪＡＰＡＮ日本代表プログラム～」という長いものです。海外へ留学したい学生を経済面から支援するプログラムで、文部科学省と日本学生支援機構が進めているものです。このための資金は、プログラムの趣旨に賛同する民間企業からの寄付金でまかなわれています。二月現在、一二二社からの一〇〇億円を超す寄付金が集まっているとのことです。最終目標は二〇〇億円と設定されています。（プログラムの詳細は、末尾に記載した文部科学省や日本学生支援機構のウェブサイトでご覧ください。）

さて、このプログラムですが、一人でも多くの高校生や高専生、そして大学生が海外留学に行けるようにとの目的で始められました。この背景には、我が国からの留学者が、このところ年々減ってきていること、いっぽうで、海外展開を進めている企業は世界各地で活躍する人材がほしいこと、などがあります。実際、我が国からの留学者数は、二〇〇四年の八万三〇〇〇人をピークとし、以後減り続け、二〇一一年には五万七〇〇〇人までになってしまいました。二〇一三年六月に閣議決定された「日本再興戦略」では、二〇二〇年までに日本人留学生を倍増する目標をたてました。具体的には、大学生は六万人から一二万人へ、高校生は三万人から六万人へと増加させようというものです。

このプログラムでは、昨年の春に第1期生、秋に第2期生の募集がありました。そして現在、第3期生の募集が一月二九日から行われています。締め切りは四月三日です。「自然科学系複合・融合系人材コース」、「新興国コース」、「世界トップレベル大学等コース」、「多様性人材コース」の四つのコースで、合計で五〇〇名が選抜されることになっています。留学を考えている人は、是非応募してみてください。

来月二日（月）に、東北地区を対象としたプログラム説明会が、本学で開催されることになりました。

このプロジェクトに応募するかどうか別にして、興味をもたれた皆さんはこの機会に出席し、情報を得てください。なお、本学高度教養教育・学生支援機構のグローバルラーニングセンター（ＧＬＣ）では、応募する皆さんに申請書の書き方のポイントなどを指導することになっております。こちらも是非利用してください。

【参　考】

文部科学省の本プログラムのURL：

http://www.tobitate.mext.go.jp/

日本学生支援機構の本プログラムのURL：

https://tobitate.jasso.go.jp/

（二〇一五年二月二〇日）

36　全学教育とＰＤＣＡサイクル

本学の川内キャンパスで行われる初年次や二年次の教育を、「全学部の学生を対象とする教育」であることから、「全学教育」と呼んでいます。大学によっては、共通教育と呼んでいるところもあります。全学教育は、専門分野を本格的に学習する前に、生涯学び続ける力の基となる幅広い教養と、専門教育を受ける前提となる基礎的な力をつけることが目的です。そのため、教養教育や基盤教育と呼ぶこともあります。

本学はこの全学教育を重視しています。そのため、毎年「ＰＤＣＡサイクル」を回して教育の内容と方法の向上を目指しています。ここでＰＤＣＡとは、「plan・do・check・act」の頭文字をつなげたものです。act は action と書くことも多いようです。日本語では、「計画・実行・評価・改善」と表現されます。act が改善でよいのか、違和感を覚える気もしますが、通常このように理解されています。このＰＤＣ

Aサイクルは、生産管理や品質管理のために、第二次世界大戦後、米国の統計学者であるE・デミング（William Edwards Deming, 1900-1993）によって提案されたようです。このサイクルを回すことで、持続的な改善を図ろうとするものです。本学の全学教育を運営している学務審議会では、各科目委員会と教員個人とが、それぞれPDCAサイクルを年に一度回すことにしています。この司令塔となっているのが、学務審議会の下に設けられた教育情報・評価改善委員会です。

PDCAサイクルでは、check（評価）が大切です。学務審議会では皆さんの声を直接聞きたいということで、懇談会を年に一度、二月に開催しています。各学部から一〜三名、学友会の体育部と文化部からも一名、二年次を修了する皆さんに集まっていただき、全学教育に関する感想や評価、要望を出してもらっています。今年度も二月一九日（木）に行いました。昨年同様、活発な意見や要望が出され、二時間半にも及ぶ懇談会となりました。厳しい指摘も多々ありましたし、また、他大学を経験した学生からは、本学の全学教育のレベルが高いなどとお褒めの言葉もありました。もちろんのこと、これらの意見や要望をきちんと受け止め、次年度に活かしていきたいと考えています。

さて、私たちは何かことを行ったとき、意識することもなく良かった点や悪かった点などを振り返り、次に行う際の改善につなげています。特にPDCAサイクルなどと意識しなくとも似たようなことを行っているのですが、それでも意識的に回すことでもっと高い改善効果が出て、次はもっと良くできることになるかもしれませんね。

（二〇一五年三月二〇日）

Part 2

折に触れて

1　留学の勧め

二〇一二年五月八日（火）、「東北大学留学フェア2012」が川内キャンパスで開催された。学生に向けて、本学がもっている留学プログラムを紹介し、具体的な手続きを広報することで、留学を奨励するためのフェアである。教育を担当している理事として、冒頭の挨拶を頼まれたので、「海外へ出て、世界を知ろう、日本を知ろう、そして自分を知ろう」と題して、大要以下のような話をした。「だ・である体」で記す。

『東北大学留学フェア2012』にこのように多くの方が参加されたこと、大変嬉しく思う。一言挨拶するが、その趣旨は、皆さんに、『海外へ出て、世界を知ろう、日本を知ろう、そして自分を知ろう』と、留学を大いに勧めることである。

私自身は、残念ながらこれまで留学の機会はなかった。私が大学に入ったのは四〇年ほど前、1ドルが360円（一九七二年まで固定相場制）の時代であった。したがって、渡航費用が高額なこともあり、当時学生で海外へ旅行したり、留学したりする人はほとんどいなかった。大学では、博士号を取得し、助手や助教授に採用されてから留学する人が多かった。

私は、博士課程を修了してすぐ助手に採用されたが、助教授がいなかったなどの研究室の事情で、何年もの間、長期間日本を離れることができにくい状態であった。その後、講師、助教授と昇任したものの、結局チャンスがなく留学しないで現在まで来てしまった。これは本当に残念なことで、ぜひとも行きたかったというのが本音である。

留学はしなかったが、海外へは、学会やシンポジウム、あるいは会議に出席するため、何度も出張している。そう六〇回くらいは行っているのではなかろうか。しかし、やはり旅行者として行くのと、一定の期間日常生活をする留学とでは、事情が大分違うのだろうと思っている。

さて、私たちは、なぜ皆さんに留学を奨励しているのであろうか。いろんな勧め方があると思うが、私は『世界を理解し、日本を理解し、そして自分を理解するため』、それには留学が一番であるから、としたいと思う。

よく現代社会は『グローバル化された社会』と表現される。世界には多くの国や地域があって、異なる人種と多くの民族があって、また、言語も様々で、そして宗教も沢山存在している。このような多種多様な価値観が存在する世界で、互いに交流を図りつつ、ともにこの地球上で生きていていかなければならない。そのためには、まずは、互いの立場を理解し、尊重することが必要となる。

互いの立場を理解し尊重することは、どのようにして得られるのであろうか。それは、相手方と交流し、言葉を知ったり、文化を知ったり、歴史を知ったりすることが基本であろう。海外へ留学することとは、そのような、相手方と交流し理解することの第一歩を踏み出すことなのである。

もっとも、私がここに述べたような大上段にかぶらなくとも、面白そうだから、という動機で十分であるのだが。

さて、二年前、一週間ほどドイツのハンブルグを訪れる機会があった。そのときに感じたことを話させて欲しい。

宿泊したホテルは大通りに面していた。大通りでは多くの車が走っており。ときには救急車も通っていた。この救急車のサイレンのことである。ハンブルグでの救急車は、サイレンを鳴らしたり止めたりしながら走っているのであった。歩道を歩いているとき救急車が通るのを見る機会があったが、交差点などではサイレンを鳴らし、周囲に車や歩行者がいないときにはサイレンを止めていたのだ。日本ではどうであろうか、昼であろうが夜であろうが、周囲に車がいようがいまいが、いつもサイレンを鳴らしている。とてもうるさい。日本に比べると、ドイツのサイレンの鳴らし方は、実に合理的なのではなかろうか。

別の話。テレビでニュースを見ていたとき、大雨でドイツ各地に被害が出たことを報道していた。降水量が数値で出ていたのだが、その単位が「リットル／平方メートル」であった。単位面積である1平方メートルにどれくらいの量、すなわちどれくらいの体積の雨が降ったのか、と表現しているのである。日本では、皆さんご存知のように、降水量を「厚さ」で表す。例えば、「今後二四時間で、10ミリ（メートル）の雨が降るでしょう」などと。厚さで表現しても、日本人は、長年このような使い方に慣れているので、なんの違和感ももたなくなっている。しかし、降水量であるので、「量」、すなわち体積で表したほうが、理屈に合っているのである。このようなところにも、ドイツ人の合理性を感じる。

さて、このようにドイツの人はなんて合理的に物事を考えるのだろうと感心していたのだが、ある朝のテレビのニュース番組のことである。画面には、星座の絵と王冠のようなものがいくつか並んで出てくるのを見つけた。そう、「星座占い」が朝の番組で取り上げられていたのである。星座占いがどうどうと朝のニュース番組で流れるとは、日本以上ではないかと、私は思わず笑ってしまった。合理的なドイツの人たちも、星座占いが大好きで気にしているという、このような非合理的な一面ももっていたのであった。

このようなことは日本にいては決して気づかない。その国へ訪問して初めて分かることである。ましてや、短期の旅行ではなく、ある一定期間同じ場所に過ごすのであれば、多くの事を見聞きすることができ、多くの人と触れ合うことになる。まさに、相手を理解する第一歩になるのだろう。翻って、そのことが、私たちの国、日本をよく知る機会にもなるのだろう。そしてさらには、自分を見つめ直すことに繋がるのだろうと思っている。

私たちは皆さんの留学を、全力で支援するつもりである。ぜひ、チャレンジを。『海外へ出て、世界を知ろう、日本を知ろう、そして自分を知ろう』である。」

（二〇一二年五月一〇日）

2 「最近読んだ本から」の欄について

この四月から、私のウェブサイトに「最近読んだ本から」の欄を作って、毎月三冊の本を紹介している。そしてその欄の冒頭に、次のような文章を入れた。「最近私が読んだ本の中から、学生の皆さんに薦めたい本があったときは、この欄で紹介することにします。なお、単行本の新刊書を購入することはあまりないので、紹介する本は文庫や新書が多くなります」。

この中の二つ目の文章のこと。例えば塩野七生さんの著作など、もう喉から手が出るほど待ち焦がれているのは当然単行本を購入しているのだが、どうしても文庫や新書が多くなることを断わったのである。最大の理由は、本の価格の問題ではなく、本の置き場所の問題。昨年の震災の後も相当数の本を段ボール箱に入れたつもりなのだが、またも本棚から本が溢れてきているような状態になっている。単行本は重いし、かさばるのである。

さて、どうやって三冊を選ぶのかである。まずは最近出版された本の中から選ぶようにしている。私自身は、いわゆる古典と呼ばれる本も、数年前に出版された本も、つい最近出版された本も、ごちゃまぜに読んでいるのであるが、紹介するには最近出版されたものがいいだろうとの判断である。なお「最近」とは、ここ一～二年以内のこととして使っている。

次にジャンルであるが、私自身は何でもかんでも手当たり次第、面白そうなものに手を出している。とはいえ、紹介する本は、少しはバランスを考えて、小説、科学や芸術に関係する本、エッセイ集などを、適当にブレンドするようにしている。

さて、先月から、読んで面白かった本に対しては、掲載用の原稿を書くようにした。もちろん、読んだ本すべてに対してではなく、掲載する可能性のある本だけである。以下、このようにして書いた七月用のメモを示しておこう。

番号から分かるように、4、5、6番目に書いた原稿が、七月分として実際にウェブサイトに掲載された。

1
著　者：佐々木力（ささき ちから：東京大学名誉教授、数学・科学史家）
書　名：ガロア正伝　革命家にして数学者
出版社等：筑摩書房、ちくま学芸文庫、二〇一一年七月一〇日、２６５ページ、文庫書き下ろし
一言紹介
フランス革命のさなか、女性を巡るトラブルによる決闘の果てに夭折した数学者、ガロアの伝記。ガロアは一八一一年の生まれ。生誕二〇〇周年目の昨年、二〇一一年に本書は出版。著者は、本学大学院理学研究科数学専攻の出身。

2
著　者：阿刀田高（あとうだ たかし：小説家）
書　名：日本語えとせとら
出版社等：角川書店、角川文庫、二〇一二年六月二五日、２０７ページ
一言紹介
「Ｊ２ＴＯＰ」、「べんちのーと」、「発見上手」などの雑誌に掲載したエッセイを集めたもの。「ことばは深い」、「ことばと遊ぶ」、「ことばの道草」、「ことばの知恵」などの章からなる。著者は多くの小説を書いているのだが、私は一冊も読んでいない（と思う）。このエッセイ集は大変面白く読めた。次はこの著者の小説も読んでみようかという気になっている。

3
著　者：野口卓（のぐち たく：小説家、脚本家）
書　名：飛翔　軍鶏侍③
出版社等：祥伝社、祥伝社文庫、二〇一二年六月二〇日、３０８ページ、文庫書下ろし
一言紹介
「軍鶏侍（しゃもざむらい）」シリーズの第三巻。第一巻「軍鶏侍」は二〇一一年二月に、第二巻「獺祭」は同年一〇月に刊行された。軍鶏に魅せられた武士、「岩倉源太夫」が主人公。岩倉は軍鶏の動きを見て秘剣「蹴殺し」を編み出す。訳あって早々と隠居した岩倉は道場主となる。この

巻には三編が収められているが、弟子大村圭二郎の父の敵討ちの話、「巣立ち」が圧巻。思わず、グッとこみ上げてしまいました。

7

著　　者：益田ミリ（ますだ みり：漫画家、エッセイスト）
書　　名：言えないコトバ
出版社等：集英社、集英社文庫、
　　　　二〇一二年六月三〇日、165ページ

一言紹介

知ってはいても使えない言葉を分析する。なるほどなるほど、確かにありますね。若者言葉、もう古くなった言葉、自分のフィーリングとどうしても合わない言葉、などなど。私にも沢山あります。選ばれた言葉から、著者の鋭い感受性が伝わってくる。軽妙な文章と、肩の力を抜いた漫画の組み合わせ、気軽に楽しめます。

8

著　　者：朽木ゆり子／福岡伸一
（くちき ゆりこ／ふくおか しんいち：ノンフィクション作家／青山学院大学・教授、生物学者）
書　　名：深読みフェルメール
出版社等：朝日新聞出版、朝日新書357、
　　　　二〇一二年七月三〇日、227ページ

一言紹介

フェルメール作品の全点踏破を試み、著書も出版している二人の対談集。フェルメールに関する情報が満載。福岡伸一さんの「あとがき」がいいですね。「〈真珠の耳飾りの少女〉はいったい何を見ているのか。フェルメール最大の謎である」と問題提起する。それは所蔵する美術館に行けば分かるというのである。「そしてこの絵の反対側の壁には、フェルメールのもうひとつの傑作〈デルフトの眺望〉が掛けられているのである。そう、彼女のまなざしはちょうどそこに届いている…」（222ページ）。さすがは、福岡さんです。

（二〇一二年八月一五日）

3　二度目のメルボルン大学訪問記

一二月五日（水）から九日（日）までの五日間、オーストラリアのメルボルンを訪問した。機内で二泊、ホテルで二泊の、とても慌ただしい海外出張であった。同じ理事という立場でも、私以外の方はかなり自由に海外へ出張しているようだが、私はその所掌する事項の関係で、海外出張もままならない。これが今年初めてで、そして最後の海外出張となった。

さて出張の目的は、メルボルン大学が四年前の二〇〇八年から行っている新しい学士課程教育の現地調査のためであった。この新たな試みは「メルボルンモデル」と呼ばれており、現在オーストラリア国内はもちろん、世界の高等教育界で大きな注目を集めているという。

大学教育改革は、世界中でもそうだろうが、特に我が国では大きな課題となっている。社会や経済の情勢がめまぐるしく変わる中で、大学が育成する人材に期待するがゆえに、大学教育の在り方が問われているのである。

今回の調査団は、高等教育開発推進センターのH教授を中心として、センター長のＫｉ教授、Ｓ准教授、Ｋｏ助教、Ｔ助教、そして私の五人からなる。現地調査ではメルボルン大学の三名のキーパースンの方々と面談した。私たちは事前の打ち合わせで調査のポイントを議論し、先方に質問項目を予め伝えていた。そのため、先方も回答を準備しており、きわめてスムーズに、密度の濃い議論をすることができた。この調査の肝心の部分については、別途センターの方で報告書を作ることになっているのでそちらに譲りたい。

さて、ここからはこの旅行での個人的な体験や感想である。数えてみると、メルボルンを訪れたのは、これで六回目である。これまでの五回のうち一回は家族旅行で、他は研究集会などへの出席であった。初めてのメルボルン訪問は、二六年前の一九八六年一二月のことであり、このときメルボルン大学を訪問している。

〈最初のメルボルン大学訪問〉

一九八六年一一月下旬、私はオーストラリアでも熱帯に位置するタウンズビルのジェームズクック大学で開催された「ＷＥＳＴＰＡＣ」と呼ばれる研究発表会に参加した。当時東京大学海洋研究所所長であった根本敬久先生（故人）が、このＷＥＳＴＰＡＣに私を含めて何人かの若い研究者を招待したのである。このとき私は三四歳、三回目の海外出張であった。一一月二九日から一二月一五日までの一七日間の出張である。

このＷＥＳＴＰＡＣで、私は「モード水（mode water）」（海洋表層に存在する特徴的な水の一種）に関する研究発表を行った。モード水は、北大西洋や北太平洋では存在するのに、何故南太平洋では存在しないのか、と問題提起した講演であった。私のこの問いに関し、オーストラリアのＭ・トムチェック博士は、南太平洋の風の場が、北半球のそれとは異なり、海洋構造も違うからではないのか、と答えてくれた。当時、南太平洋にモード水の存在は知られていなかったのである。

しかし実際には、この後一九九三年にＤ・レミック博士たちが、南太平洋にもモード水が存在することを発表した。さらに私たちも、Ｔ君の修士論文でモード水が存在することを追認し、さらに詳しく分類すれば、三種類存在することを突き止め、二〇〇七年に国際誌に論文を発表した。

話が横道にそれてしまった。さて、このタウンズビルでの研究集会の後、私は皆と分かれ、メルボルンに移動した。メルボルン大学で気候変動に関する国際シンポジウムが開催されることになっていたので、わがままを言ってメルボルン訪問もお願いしたのであった。このシンポジウムには世界各国から二〇〇名程出席していたのではなかろうか。基調講演は、カオスの理論で著名なＭＩＴのＥ・ローレンツ博士であった。また、このとき以来現在まで、親しくお付き合いしているオーストラリアＣＳＩＲＯのＧ・メイヤーズ博士に初めて会ったのも、このシンポジウムである。実は、メルボルン滞在中に私の祖父が亡くなったこともあり、この訪問は特に印象深いものであった。

〈パブリック・レクチャー・ルーム〉

今回の調査の二日目の午後、メルボルン大学の幾つかの施設を見学する時間が設けられた。図書館や、講義室、視聴覚教室、実験室などを見せてもらうツアーである。このツアーで最初に案内してもらったのが、パブリック・レクチャー・ルームであった。本部事務部門がある一番古い建物にある。ところでメルボルン大学の創立は一八五三年であり、オーストラリアでは一八五〇年創立のシドニー大学に次いで二番目に歴史のある大学である。

このパブリック・レクチャー・ルームに入った途端、思い出したのである、そう、二六年前の国際シンポジウムの会場が、この部屋だったことを。小柄なローレンツ博士の、格調高い講演を、この急な傾斜の階段教室の、正面に向かって中段の右端の席に座って聞いた。

このようなことを、案内してくれたメルボルン大学の人に伝えたのは言うまでもない。

〈セイント・ヒルダ・カレッジ〉

最初のメルボルン大学訪問のときの宿は、街中のホテルではなく、大学キャンパス内にある寄宿舎「セイント・ヒルダ・カレッジ」であった。研究集会は一二月、大学は既に夏休みであり、学生たちはキャンパス内にはいなかった。セイント・ヒルダ・カレッジにも学生はおらず、私のようなシンポジウム参加者に部屋は貸し出されていた。

オーストラリアは英国連邦の国であり、英国スタイルがそちらこちらに残っている。この大学内にあるカレッジ群もまさにそうである。朝食はカレッジ内の食堂で一堂に会して食べる。ハリーポッターの、例の食事風景である。

最初の朝食時のことである。食堂に行くと既にかなりの人がいた。私は、端の方の空いている席に座った。するとすぐさま、眼の前に一人のアジア系の人が席に着いた。もちろん、挨拶するのがエチケットであるので、お互いに英語で名乗った。どちらが先に名乗ったのかは忘れたが、相手の人は「余田（よでん）です」と、そして私は「花輪です」と。

会ったことはなかったが、お互い、名前は知っていた。そう、次からは日本語です。「あなたが花輪さんですね」と余田さん、「あなたが余田さんですか」と私。余田さんとは、京都大学の気象学講座の余田成男さん（当時、助教授、現教授）のことである。余田さんはその年、米国ワシントン大学のJ・ホルトン教授のところに留学しており、米国からの参加であった。このとき以降、余田さんとは、日本でというよりは海外で何度もお会いすることになる。

さて、今回の訪問で、このセイント・ヒルダ・カレッジを再び「眺める」ことを楽しみにしていた。今回のメルボルン三日目は帰国の日であるが、夕方からの移動であるので、時間が取れる。そこで、メルボルン大学の北の端、クイーンズ・カレッジの隣に位置しているこのカレッジの周辺を散歩した。道路に面した表側はこんな感じだったかな、とも思うのだが、裏側は新しい建物が加わっていた。

セイント・ヒルダ・カレッジの南側には、とても綺麗な芝生が広がっていたとの記憶があるのだが、今回散歩してみると、そこにはクリケット競技場、さらにその南側には陸上競技場があった。当時もそうであったのか、その後このような施設が整備されたのか、私は判断できなかった。

〈地震で知った携帯電話の「進化」〉

二日目の夕食時のことである。メルボルン大学の三名へのインタビュー取材も無事終わったので、皆で中華料理を楽しもうと街中のチャイナタウンに出かけた。一年間、メルボルン大学に留学していた助教Ｋｏさんの案内である。チャイナタウンは、ＣＢＴと略されるメルボルン中心街にある。残念ながら当初目指した評判の高い店は満席で入れなかった。そこで、別の店に入ったのだが、この店のうるさいこと、うるさいこと。

うるさい店は大の苦手、というより大嫌いである。私は、常に耳鳴りがしているし、さらに悪いことには、相手の声のみを聞き取ることが苦手なのである。多くの人は、騒々しい中でも、聞き取りたい相手の声のみを聞きとる能力をもっている（と思う）。私にはこの能力が全く欠けているのである。ということで、私だけの意見でもなかったのだが、早々にこの店を退散することとした。

次の店を私が決めろという。そこで、迷わずでもなかったのだが、同じくチャイタウンにある日本料理のＹ屋さんに行くことにした。

さて、席に案内されて間もなく、現地で午後七時半ごろであろうか、突然、複数の携帯電話が鳴りだした。宮城県でマグニチュード7・3、震度5弱の地震が起こり、沿岸域には最大高1メートルの津波警報が出ているという（地震は日本時間午後五時一八分に発生）。K・i先生は、海外でも使える携帯電話をもっているので、すぐさま大学本部へ電話をかけた。その結果、被害などは全くなく、心配ないという。他の人も日本に電話をして確認していた。皆さんの情報では、被害などはまったくないとのことだったので、その後は安心して夕食を楽しんだ。

さて、我が携帯電話のことである。携帯電話は私物と大学からの支給品、二つをもってきていた。が、まさか海外対応しているとは思わなかったので、バックに入れっぱなしであった。食事を終えてホテルに戻り私物の携帯電話を取り出したところ、待ち受け画面にはオーストラリアの時間と日本の時間が横並びで出ているではないか。そうGPS機能が働いて、自分がどこにいるのかを、認識したらしいのである。もちろん電波の強さを示すバーも、きちんと三本立っている。

そうだとしたら…ということで、おそるおそる我が連れ合いに電話をかけてみた。これが通じるではありませんか。へー、我が携帯、なかなかやるじゃないかと、感心した次第である。大学から支給された携帯電話の方も同じように機能するようであった。皆さんにとっては何を今さらとお思いでしょうが、この携帯電話の「進化」、はい、私にとっては大きな驚きだったのです。

〈メルボルンの気温変化〉

今回のメルボルン訪問初日、六日の最高気温は二二℃、翌七日の最高気温が二七℃、そして最終日、八日の最高気温は三七℃であった。中二日間で、一五℃もの気温上昇、いやー、いつもながら、メルボルンの気温変化は激しい、の一言である。

この大きな気温変化の理由は単純である。南半球では発達した高気圧と低気圧が、交互に並んで東進することが多い。高気圧はやや北側に、低気圧はやや南側に中心部がずれるが、おおよそ南緯四〇度付近を通過する。メルボルンは南緯三八度付近であるので、高・低気圧の中心部に近い。そのため、東に高気圧、西に低気圧があるような配置では、強い北風が吹き、オーストラリア大陸上の暖かい空気塊がもたらされ、気温は著しく上昇する。いっぽう、その逆の配置では、強い南風が吹き、南大洋（一般には南極海あるいは南氷洋と呼ばれるが、学術用語としては南大洋が使われる）の冷たい空気塊がもたらされ、気温は著しく低下する。私たちがメルボルンを訪問した六日から八日にかけては、まさに高気圧の中心が西から東へと移動していたときに対応していた。

ところで、私たちが仙台に戻ったのは一二月九日（日）の昼ごろである。この日の仙台は北風が強く、雪も舞っており、気温は零℃前後であった。前日との気温差は実に四〇℃度に達するものであった。なお、Ｋｉ先生は八日朝早くメルボルンを出発して成田に戻り、一泊して翌九日にロシアのモスクワに移動した。Ｋｉ先生は、私たちよりさらに大きな気温差を体験したに違いない。

（二〇一二年一二月一五日）

4　年報などの巻頭言

年明けから年度末にかけて、学内のいろいろな組織から年報などの「巻頭言」や「挨拶」の執筆を依頼された。例えば、「保健管理センター年報」や「教養教育院特別セミナー・合同講義報告書」の「巻頭言」、「国際交流センター年報『北斗七星』」や「教養教育院年報」の「挨拶」などである。

この中の保健管理センター年報の巻頭言のことである。既刊の年報を調べてみると、必ずしも毎年巻頭言があるわけでないこと、巻頭言の執筆者は理事や副学長クラスで、一回書くだけであることが分かった。どうやら、保健管理センターは、教育担当理事などセンターに関係する役職に新たに就いた方に頼んでいるらしい。

さて、この保健管理センターの巻頭言として、いったい何を書けばいいのだろう。私の前任者の巻頭言などを読むと、必ずしも「保険管理」に直接関係することを書いているわけではなかった。そこで私もこれにならい、「24冊目の血圧手帳」と題して、毎朝測っている血圧などに関することを題材に書くことにした。

いっぽう、『北斗七星』の巻頭言は、三月も押し迫った時期に頼まれた。担当の国際交流センターの先生が頼むのを忘れていたのだという。分量は一五〇〇字程度ということである。あれこれ考えた挙句、ありきたりなのだが、「東北大学の国際化と国際交流センターの取り組み」と題し、昨年度本学が採択された事業や、国際交流センターが行ってきた学生によるサポート制度について書くことにした。

ところで、年報などの巻頭言や挨拶は、どの程度重要なのだろう。どのくらいの人に読まれるのだろうか、などとも考えてしまう。実際に記録として残したいという本質的な部分で無いことは確かである。それでは無くともよいのか、というとそうでもないのだろう。刺身のツマのように、それがなければ(年報などが)成り立たないという訳ではないが、あれば彩を添えるようなものであろう。

以下、上記二つの巻頭言をここに示す。先の例にならい、保健管理センター年報では「だ・である体」で、『北斗七星』では「です・ます体」で書いている。なお、『北斗七星』の巻頭言では何名かの先生方のお名前が出てくるが、ここに再録するに当たっては頭文字のみで記した。

再録したこれら二つの巻頭言が、刺身のツマのように年報に彩を添える働きをしているのかは、皆さんの判断にお任せしよう。誰ですか、刺身のツマだから、「ツマらない」に決まっている、などと言う人は。

〈24冊目の血圧手帳〉

仙台にいるときは毎日、血圧と体温を朝と夜に、そして体重を朝に測っている。測り始めたのはちょうど一〇年前の二〇〇三年の年明けであった。家電量販店で上腕に腕帯を巻くタイプの家庭用上腕式血圧計を購入し、無料の「血圧手帳」を薬屋さんで調達した。手帳に書かれた最初の日付は、二〇〇三年一月九日である。以来継続して測り続け、現在使っている手帳は、24冊目となった。また、血圧計も何回か代替わりし、現在は手首式血圧計を使っている。

なぜ血圧を測ろうとしたかである。当時仕事が立て込んでいたのだろう、疲れがなかなか取れないと日頃感じていた。そして時々、目を覚ましたときに頭がすっきりしないということで、「血圧が低すぎるせいではないか」と疑ったのである。医学的な知識がないまま、勝手に「頭に血が十分いっていない」と考えたのである。日頃血圧を測定する機会もなく、また、親や兄弟が低血圧だからという理由で、自分も低血圧だと思っていたことも根底にある。ところが実際測ってみると、低血圧ではなかった。なかったどころか、むしろ高血圧気味であった。

話は四年前の二〇〇九年二月に飛ぶ。毎年一〜二回は風邪をひくのだが、この年の風邪はとてもひどいものであった。そこで、土曜日も診療をしている街中の病院へいった。診察後、医師から、風邪はそのうち治るでしょうから心配ないのだが、脈の乱れがとてもひどい、早く専門医に診てもらいなさい、と忠告された。そこですぐ毎年人間ドッグを行っている病院で検査をしてもらった。やはり、不整脈だという。このとき以来、不整脈の治療を行っているのだが、不整脈は脳梗塞を起こす確率が高くなるので、予防のためには血圧をもっと下げる必要があるという。そこで不整脈防止の薬とともに降圧のための薬も服用している。

不整脈の治療のために二か月に一度、定期検診を行っているのだが、毎回、この血圧手帳を持参し、担当医師に見せている。担当医師も、問診だけではなく、この手帳で二か月間の血圧の動向を知ることができるので、大変重宝しているようである。実際、次回も持参してください、といつも言われている。

さて、本学の学生に対する定期健康診断であるが、初年次学生が99％ともっとも受診率が高く、四年次学生がそれに続き75％、もっとも受診率が低いのは二、三年次学生でそれぞれ71％、72％である（平成二三年度実績）。四年次学生の受診率が高くなるのは、受診していないと就職時の健康診断書を作成してもらえないからだという。若い時は自分の健康に注意を払うこともなく、また、体調の管理などにも気を使わないので、外的な要因がないと健康診断を受けるモチベーションが上がらないのかもしれない。学生諸君には、健康であることの大切さ、そして定期健康診断の重要性をもっと訴える必要があるのだろう。

〈東北大学の国際化と国際交流センターの取り組み〉

二〇一二年四月、私はN先生の後任として、国際交流センター長に就任いたしました。本学の教育の国際化に向けて、微力ながら邁進したいと考えておりますので、ご理解とご支援、そしてご指導とご鞭撻、どうかよろしくお願いいたします。

さて、二〇一一年三月一一日に発生したマグニチュード9・0の「東北地方太平洋沖地震」、それによって引き起こされた巨大津波、そして東京電力福島第一原子力発電所の事故により、東北地方太平洋岸を中心として大きな人的そして物的被害が出ました。「東日本大震災」と名付けられたこの大惨事ですが、早いものですでに二年が経過いたしました。本学にも甚大な被害が出ましたが、日本中はもとより世界中から多大なご支援を得て復旧、復興が進みつつあります。ご支援くださった方々や組織、団体に、この場をお借りし、厚く御礼申し上げます。

大震災直後、本学に学んでいた留学生のほとんどの皆さんが母国へと一時帰りましたが、状況が明らかになるにつれて復帰し一年も経たないうちにほぼ全員が戻っています。ただ、新たに本学に留学する学生は、人数的にはやや足踏み状態のようです。この背景の一つには、放射能汚染の問題がありそうです。事故を起こした原子力発電所付近は高放射能レベルであるものの、本学のある仙台地区は汚染をまったく気にする必要はない地区であるとのメッセージを、不断に発信続ける必要があるものと考えております。

さて、二〇一二年度は、本学の教育の国際化にとって、とても重要な年度になりました。それは本学が文部科学省の事業「グローバル人材育成推進事業（全学推進型）」に採択されたことです。全国で一一の大学（国立四校、公立一校、私立六校）が採択されましたが、四年前の二〇〇九年度から始まった「大学の国際化のためのネットワーク形成推進事業（G－30事業）」とこの事業、双方に採択された国立大学は本学のみです。G－30事業では、学部も含めて多くの留学生を受け入れることが主眼でしたが、この事業は逆に、多くの本学学生を海外の教育機関へと留学させることに力点が置かれます。国際交流センターは、この二つの事業推進において、まさに中核的な役割を担っております。

グローバル人材育成推進事業では、大学入学時から二年次までの学生の皆さんを中心に海外留学を経験させる「スタディ・アブロード・プログラム（SAP）」を開発することとしています。その中心となる派遣先大学が、米国カリフォルニア大学リバーサイド校（UCR）です。UCRは、このようなSAPの開発に定評ある大学で、SAPのみならず、留学前研修や留学後研修にも豊かな経験をもってい る大学です。この二月一一日には、UCRエクステンションセンターの中に、本学のリエゾンオフィスとなる「東北大学センター」を開所いたしました。ところで、リバーサイド市と仙台市は、一九五七年に姉妹都市協定を結び、交流を深めてきました。将来、本学学生がリバーサイド市の様々な部署でインターンシップ研修を行うようなプログラムの開発も予定されております。

また、このような学生の留学を推進するための一つの方策として、「グローバル・キャンパス・サポーター（GCS）」制度をこの四月から導入しました。国際交流センターが世話してきた交換留学生同窓会（ESA－net）のこれまでの活動を発展させたこのGCS制度は、すでに半年から一年の交換留学を経ている本学学生を雇用し、留学を考えている学生に対し、その体験を生かして様々な情報を伝え、海外という障壁を取り払って留学の動機づけをすることを狙ったものです。この制度は、学生による学生に対する支援制度の一つと位置づけられます。

国際交流センターの陣容もこの一年で大きく変わりましたので、ここにご報告いたします。長年副センター長として本センターの活動を支えて下さったSS教授が、一身上のご都合で昨年九月末に退職されました（現在東北大学名誉教授）。後任として本年二月よりSK教授が本学経済学研究科より着任されました。また、四月には、学外からMM准教授をお迎えいたしました。二〇一三年度は、副センター長のKY教授、SY教授とともに、専任教員四名の体制で活動を行うこととなります。今後とも、国際交流センターの活動に、ご理解とご協力を賜りますれば幸甚に存じます。

（二〇一三年四月一〇日）

5　応援団創団五〇周年

今年二〇一三年は、本学に応援団ができて五〇周年の年とのことで、本学の一〇六回目の創立記念日に合わせた六月二二日(土)に、記念式典と祝賀会が仙台市宮城野区文化センターで開催された。

式典には応援団のOB・OGはもちろんのこと、他大学からの参加者も含めて、約二〇〇人もの多くの関係者が列席した。参加者の中には、本学第一八代総長阿部博之先生、第一九代総長吉本高志先生、第二〇代総長井上明久先生、第二一代総長里見進先生、と歴代四名の総長もおられる。記念式典で四代にわたる総長が壇上に並んだ姿は、圧巻であった。後にも先にも、このようなことはないのではなかろうか。

記念式典の最後に、現役団員による「演舞」が披露された。第一応援歌から始まり、下駄踊り、松島の大漁唄い込み、そして荒城の月まで、おそらくもっているレパートリー(この表現でいいのだろうか)すべてを演じたのではなかろうか。前から二列目の席で見ることが出来たのだが、その迫力たるや、いやはや、もの凄いものであった。

さて、式典やその後行われた祝賀会での多くの方々の挨拶などから、応援団の歴史や活動内容を知ることができた。私自身はこれまで応援団や学友会とはまったく縁がなかったので、今まで知らなかったことが実に多かった。

本学の応援団の創団は一九六三年六月一日とのこと。どなたも言及はされなかったが、その前年の一九六二年に、第一回七大戦が開催されているので、これがきっかけだったのだろうと思うのだが。ともあれ、以後、今日に至るまで、決して平坦な道ではなく、部員が全くいなかった年や、たった一名の年もあったとのことである。

実際、農学部出身のIさんや、教育学部出身のNさんは、たった一人で応援団を守った女子団員であり、祝賀会でお話をすることができた。チアリーダー部のキャプテンを務めた私たちの研究室のSさんは、IさんやNさんより数年後の入団であり、団員が次第に増えてきた世代であったとのことである。

さて、祝賀会で学友会副会長としての挨拶を頼まれた。そこで大要、以下のような話をした。以下、「だ・である体」で記す。

「ご紹介いただいた花輪である。総長里見先生の下で、教育を担当する理事、そして学友会の副会長を仰せつかっている。

東北大学応援団、創立五〇周年記念の祝賀会にあたり、一言ご挨拶申し上げたい。先ず、一九六三（昭和三八）年の創団以来、本年で五〇周年を迎えられたことをお祝いしたい。

先ほどの記念式典において、応援団の歴史をいろいろとお聞きすることが出来た。その中で、二〇〇〇年代に入り、部員数が減少し、ついには部員が誰もいない年や、たった一人だった年があることをお聞きした。そう言えば、たしかメディアでそのような報道に接したことを思い出した。最近は部員も順調に増え、リーダー部、チアリーダー部、吹奏部と、三つのパートでしっかりと活動できているとのことで、大変すばらしいことだ。

さて、応援団はたいていどこの高校でも、大学でもあるが、その存在する基盤はどこにあるのだろうか。自らがスポーツを行うのではなく、スポーツをしている仲間を、どのような気持ちで応援しているのであろうか。このような問題の設定は、応援団に参加された方々や、現在参加している方々にとって、大変失礼な話であることは重々承知しているが、ご容赦願いたい。

ルポライターでフリーの編集者に、最相葉月（さいしょう はづき）さんがいる。この方が、東京大学の応援部を一年かけて取材したルポルタージュ『東京大学応援部物語』と題する本を、約一〇年前に出版した（単行本は二〇〇三年、集英社から。文庫本は、二〇〇七年、新潮社から）。皆様方の中にも、読まれた方がおられるかもしれない。

東京六大学野球大会における東京大学硬式野球部での応援を中心に、応援部員の活動や悩みなどが綴られている。ご存知の通り東京大学硬式野球部は、六大学の中では最下位が定位置である。春と秋、年に二回大会があるが、時には一勝もできない大会もあり、勝ちゲームを期待することは奇跡に近い。このような状況下でも応援部は、応援することで勝ちを呼び込もうと必死である。負け試合では、自分たちの応援が未熟で懸命さが足りないので、負けてしまったのではないかと自問する始末である。

最相さんは、次のように記す。

「なぜ応援するのか。これほどまでして応援することに何の意味があるのか。それは、応援部にいたすべてのOB・OGの人数分の答えがあるのだろう。山口が引退前に淡青祭のパンフレットに記した、『なぜ応援するかは理屈ではない、選手が頑張っているから応援するのだ』という言葉もまた、山口が四年間かけて自分自身で手にしたものだ」（新潮文庫、五一ページ）。

多分、その通りなのだろう。東北大学応援団の諸君にも、あなたにとって応援とは何か、という問いかけをすれば、同じく団員の数だけの回答が返ってくるのではないか。中には、東大応援部の山口部員と同じような答えをする人もいるかもしれない。

この本を読んで、大学での応援団による応援とは、「親の子に対する愛情のように、所属している組織で活動している人たちへの『無償の愛』、すなわち『見返りを少しも期待していない愛情』の発露」ではないかと、私は思ったのだが、皆さんはどうだろうか。

さて、話は変わる。本学応援団の綱領を読ませていただいた。その一節に、「応援活動を通じ愛校心の育成を計り（「図り」？）、東北大学の益々発展向上の為に自主的に奉仕する」なる文言があった（全文を参考として末尾に付けた）。

東北大学を構成するすべての学生・教職員が、東北大学を誇りに思い、そして東北大学関係者としてのアイデンティティをもつことは、極めて重要なことは言うまでもない。

私は、応援団が、その綱領にあるように、その活動を通じて愛校心の育成、ひいてはアイデンティティの醸成という極めて大切な役割を担ってくれるのではないかと、大きな期待をもっている。どうかよろしくお願いしたい。期待を申し上げて、私の挨拶の最後とする。本日は誠におめでとう。」

（二〇一三年六月二五日）

参考：東北大学応援団綱領

我ら応援団員は、質実剛健・友愛・謙虚の精神の下に礼儀と和を重んじ、一致団結して万事に対処し、闘志と不撓不屈の気構えを以って自己の責務を全うすることにより真の自己鍛錬に励み、併せて応援活動を通じ愛校心の育成を計り、東北大学の益々発展向上の為に自主的に奉仕することを以って使命とする。

我々は、この綱領を常に心に留め、先輩方から脈々と受け継がれる東北大学応援団の精神を堅持している。

6　七大戦

七つの旧帝国大学のスポーツサークルの間で競う七大戦の正式名称は、「全国七大学総合体育大会」である。本学学友会体育部にとって、七大戦はもっとも大きなイベントである。

私は、昨年（二〇一二年）四月、学生支援を担当する理事になったことから、職指定で学友会副会長にも就くことになった。私は生来「体育会系」の人間ではない（だろう）。中学でも高校でも、一旦は運動クラブに入るのだが、すぐ退部した。中学校での退部の原因は、病気になり一か月間、学校を休んだことであった。大学でもスポーツサークルとは全く縁がなかった。そのようなこともあり、本学体育部に関することは全く無知であった。そこで遅ればせながら、昨年来様々なことを学んできた。その一つがこの七大戦である。

昨年の七大戦は第五一回目に当たり、九州大学がお世話した。この世話する大学のことを主管校と呼んでいる。開会式は、昨年七月七日（土）に、九州大学伊都キャンパスで行われた。私も、里見総長とともに出席した。

各大学の七大戦にかける意気込みは凄く、例えばそれは、懇親会での総長の挨拶にも現れる。どの総長も、およそサイエンティストらしくなく、今年はうちが優勝するのだ、という根拠のない主張を振りかざす。

さて、「文教速報」二〇一二年八月二四日号に、この開会式の様子が写真入りで報じられた。写真は、九州大学有川総長が壇上で挨拶している場面で、壇上に座っている私も有川総長のすぐ隣に写っていた。この記事よると、七大戦は、「昭和三六年の北大体育会委員長の阿竹宗彦（あたけ むねひこ）氏が『学生自身の運営する総合体育大会』が必要と考え、競技ごとに個別に行われていた七帝戦を総合化した『国立七大学総合体育大会』の開催を提唱。全国を駆け巡り各大学の賛同を得たことが誕生の発端」となったという。

私はこの文章に挙げられた阿竹さんに興味をもった。どんな方で、何を考えて七大戦を提案したのだろうかと。いろいろ調べているうちに、阿竹さん、とても魅力的な方であることが分かった。そこで、七月三日（水）の夕方に、川内萩ホールで開催された本学応援団主催の七大戦壮行会懇親会で、この阿竹さんの話題を入れて、私は大要次のような挨拶を行った。「だ・である体」で記す。

「学友会副会長との立場で、一言ご挨拶したい。七月に入り、いよいよ七大戦も佳境を迎えようとしている。既にアナウンスがあったように、これまで六種目が終わり、本学は首位と2点という僅差で北海道大学、名古屋大学に次ぐ第三位とのことだ。この勢いを維持し、最後まで突っ走り、一〇回目となる優勝を是非とも勝ち取ってほしい。

さて、昨年、二〇一二年の第五一回七大戦は、九州大学が主管校であった。その開会式は七月七日（土）に伊都キャンパスで行われた。私は初めて出席したが、開会式後の懇親会で、どの大学の総長も、今回は我が大学が優勝すると根拠のない理由で主張しているのは、聞いていてとても楽しいものであった。

その開会式が行われたことが、『文教速報』という、主に国立大学・高専に関する出来事を報道する冊子に掲載された。その記事の中に、この七大戦は昭和三六年に北大体育会委員長の阿竹宗彦氏が提唱したと書かれていた。

そこで、阿竹さんとはどういう方で、どのような経緯で提唱したのかなどに興味をもったので調べてみた。その結果、いろいろ面白いことが分かった。この阿竹さん(おそらくまだご存命で、今年七三歳なるのではないか)は、京都大学入学後、北海道大学に転学している。北大応援団第四九代団長で、恵迪寮の寮長でもあった。ある方の書いた文書には、『大柄な体格で肩を怒らし、頭髪茫々、顔面髭だらけ、大声で怒鳴る様は、伝え聞く旧制高校の応援団長の風格に満ち溢れていました』とあった。

この阿竹さんが昭和三六年ごろ、学生自身が運営し、真のアマチュア精神で戦う体育大会を七大学でやりたい、と考えていたようだ。これを実現すべく、阿竹さんは六大学を巡り、体育会委員長を説得する。東北大学や九州大学は早い時期から賛成したようだが、京都大学と、特に東京大学は大反対であったという。それでも、その年の九月に東京大学で、翌年一月には京都大学で、さらに四月には場所は不明だが、体育会委員長の会合をもち、ついに開催が最終的に決定したようだ。

もちろん、大学側の協力も取り付けなければならない。これも北海道大学の学生部が他大学を根回ししてくれたようだ。北海道大学学生部の課長補佐の苫米地さんという方が、六大学を説得しに回ったとの話がある。ともあれ、めでたく第一回大会が北海道大学の主管で行われた。

この時、北大学長の杉野目晴貞先生は、開会式には是非各大学の学長にも出席してほしい、ということで、当時東大総長の茅誠司先生に相談されて、以後、開会式の前には、七大学の総長が一堂に会し意見交換をするのが慣例となっているとのことだ。

さて、話を戻すと、北大応援団長で体育会委員長の阿竹さんの頑張りで七大戦が生まれ、それが、今回で五二回目を迎えるわけだ。たった一人の情熱が、周囲の仲間たちを動かし、ついには大学まで動かして七大戦が実現したことは、素晴らしいことである。

学生からの発想で、学生たちが自ら運営する大会である。フェアプレーの精神で全力を挙げて競い合い、そして試合が終わったらノーサイドで他校の人たちと親睦を深めてほしい。

二年後の二〇一五年度第五四回大会は、本学が主管校となる。二年という時間はあっという間に過ぎる。今大会に全力を尽くすことはもちろんであるが、二年後に主管校になることを念頭に置いて、今回の大会に参加してほしい。

最後に、繰り返しになるが、今大会、是非このままの好調を維持して、一〇回目となる優勝を勝ち取ってほしい。」

（二〇一三年七月一〇日）

7　学生の皆さんへ

「学生の皆さんへ」の題名で毎月一回、二〇日頃にアップしている原稿が溜まったので、今回はそれらをこの欄に掲載することとした。なお、「学生の皆さんへ」は「です・ます体」で書いている。ここでも、そのままの文体とする。

〈「SAP2013報告会」に参加して〉

一〇月八日（火）の夕方、青葉山の工学研究科キャンパスにある青葉記念会館内の研修室で、「SAP2013」の報告会が開催されました。SAPは「Study Abroad Program」の略で、本学では「グローバル人材（G－人材）育成推進事業」で行っている短期留学プログラムのことを指しています。G－人材事業推進のために、実施組織としてグローバルラーニングセンターを立ち上げましたが、そこに所属する先生方が開発している三週間から六週間程度の短期留学プログラムです。SAPで海外へ派遣した学生数は、昨年までは一二〇名程度でしたが、今年度は一八のプログラムで合計二八〇名の学生を派遣することになっております。

このSAPは本学が特に力を入れている事業の一つです。この八月に公表した「里見ビジョン」では、このSAPを格段に充実させ、年間五〇〇名規模で皆さんを海外へ派遣することを謳っています。大学入学後の一～二年の間にこのような海外の大学での学習と生活を経験することで、大学での学びにいっそうの動機づけをしてもらいたいと私たちは願っております。

さて、この報告会には既にこの夏に行われた八つのプログラムに参加した約一三〇名の学生の他に、地元行政の人、この事業に関心のある教育産業に携わる方々も参加しました。このため、会場は人で溢れんばかりで、立っている人も出ました。報告会では、各グループ三名ないし四名の人が代表してプログラムの内容や特徴、そして参加した感想などを一〇分間で発表しました、その後数分間でしたが、回答は代表以外の参加者が答えるという形式の質疑応答が行われました。ほとんどのグループは日本語での発表でしたが、中には英語で発表したグループもありました。各グループとも、発表には苦労したことや楽しかったことが数多く盛り込まれ、一〇分間ではとても言い尽くせない経験をしたことがよく伝わりました。

来年の春休みには、残り一〇のプログラムが準備されております。各プログラム一五名程度で、派遣先は米国、オーストラリア、イギリス、スペイン、カナダです。プログラムの目的も、語学研修や企業体験、ボランティア体験などとバラエティに富んでいます。皆さん、自分に合ったプログラムを選んで、ぜひ参加してください。きっと、訪問した国を見る目が、翻って日本や自分を見る目が、今までとはまったく違うことになることでしょう。そしてこの経験を自らの全学教育や専門科目の学習に活かし、将来半年間あるいは一年間の本格的な留学を考えてみてください。

〈皆さんの活躍で、元気が出ます〉

一〇月半ば、相次いで嬉しいニュースが飛び込んできました。まず一四日（月）付の河北新報スポーツ欄に、「ボート全日本選手権ダブルスカル　東北大女子　初優勝」の見出しの記事が掲載されました。本学漕艇部のクルーが、第九一回全日本選手権において、二一クルーが参加した女子ダブルスカル種目で優勝したのです。漕艇部の前部長K先生から総長への優勝を知らせるメールには、「社会人の強豪クルーや日本代表選手も出場した種目ですが、文学部三年のYさんと工学部二年のHさんのクルーが、厳しく続けてきたトレーニングの成果を発揮してスタートから飛び出し余裕をもって一位でゴールしてくれました」とありました。新聞記事には「狙い通りの展開」との見出しで、「序盤に2、3秒リードすれば勝てる」と考えていたが、その通りになったとのYさんのコメントが紹介されていました。

次に一六日（水）付の毎日新聞宮城版の記事です。日本学生競技麻雀連盟と毎日新聞社が主催した第一八回青雀（せいじゃん）旗争奪全国対抗麻雀選手権で、本学のKさんとWさんのチームが初優勝したことが報じられました。この大会には、全国の地区予選を勝ち上がった五六チーム、一一二名が参加したようです。また、Kさんは個人得点一位のMVPも獲得しました。ちなみに、二位は早稲田大学チーム、三位は愛知大学チームとのことです。

本学はこれまで、将棋や囲碁で全国優勝者を何度も出してきました。今回、学生競技麻雀選手権があることを初めて知りましたが、麻雀も将棋や囲碁に負けず劣らず大変知的な競技だと思います。このような競技での本学学生の活躍は嬉しくなります。

ところで、知的な競技と書きましたが、カード競技に「コントラクトブリッジ」があります。これも同じようなカテゴリの競技です。本学には学友会準加盟団体として東北大学コントラクトブリッジ・クラブがありますので、その活躍を調べてみました。本学同窓会組織「萩友会（しゅうゆうかい）」の機関誌（第2号、二〇〇八年一一月発行）に、二〇〇七年、アジアパシフィック選手権に本学から三名の学生が三つのクラスに参加し、二名が優勝、一名が三位という高成績を修めたことが記されていました。

さて、前にも書いたことの繰り返しですが、皆さんの活躍は本学の構成員全員を元気づけるものです。皆さんには、それぞれの分野で活躍して欲しいと願っています。そのため、本学はできる限りの支援をしていきたいと考えています。そして、このような皆さんの活躍を、学内や学外に、もっともっと広報したいと考えています。

（二〇一三年一二月一〇日）

8　二〇一三年の教育・学生支援関係の主な一〇の出来事

二〇一三年一二月二七日（金）は、御用納めの日であった。私が所掌する分野の事務は、「教育・学生支援部」が担当してくれている。この御用納めの式が、もっとも式といっても私の挨拶だけであるが、当日午後一番に行われた。しばらく前からこの挨拶をどうしようかと考えていたのだが、年末に新聞などでよくやる今年の一〇大ニュースならぬ、教育および学生支援関係の一〇大ニュースを話すこととした。そして行ったのが、大要次のような挨拶である。以下、「だ・である体」で記す。

「早いもので、今日は二〇一三年の御用納めの日である。個人的には、あっという間にこの日を迎えたような気がしている。今日、無事私がここに立てているのは、私を支えてくださった教育・学生支援部の皆さんが、持ち場、持ち場でしっかりと仕事をしてくださっているからだと思っている。感謝申し上げたい。

さて、年末になると多くのメディアから、今年の一〇大ニュースなるものが発表されている。ある新聞が発表した宮城県の一〇大ニュースでは、楽天イーグルスのリーグ優勝そして日本シリーズ優勝が第一位、田中投手による連勝の日本記録更新が第二位であった。このような調子で、私も本学の教育および学生支援関係の一〇大ニュースを考えてみたので、ここで披露したい。なお、厄介なことも、そして不祥事もあったのだが、一〇大ニュースではいい出来事ばかりを選んでみた。

まず、第一位は、今後五年間の本学の方向性を示した「里見ビジョン」を、この八月七日に公表したことである。この中のビジョン1が教育関係であり、この中で「グローバルリーダーの育成」が高らかに謳われた。

第二位は、小田和正さんが作詞作曲した「緑の丘」が、校友歌として制定されたことである。一昨日（二五日）、TBSの「小田和正のクリスマスの約束2013」というテレビ番組で、この歌と制定までの経過が紹介された。この番組はとても素晴らしく、私も大変感動した。この件は教育・学生支援部が担当したものではないが、受験生確保への良い影響など、いろんな意味で関連する出来事と思い、ここに取り上げた。

第三位は、教養教育を中心とする新教育組織である「高度教養教育・学生支援機構（仮称）」設立の議論がなされ、設置が正式に決まったことである。本学の教育改革の第一歩となる重要な出来事だと思っている。

第四位は、「七大戦」で本学が通算一〇回目の総合優勝を果たしたことをはじめとする、学生諸君の課外活動での大活躍である。本学学生諸君が活躍している姿を見ることは、本学関係者にとって大変嬉しいことであることは言うまでもない。

第五位は、二〇一二年度の補正予算で「総合学生支援センター（新事務棟）」の建設が認められたことである。一二月で埋蔵文化財の調査も終わり、年明けから建設が始まる予定である。そして来年秋に竣工予定となっている。元事務棟の倍以上の床面積が確保されることになり、現在は離れた建物に入っている留学生課が新事務棟へ入るなど、事務効率のアップが期待される。

第六位は、昨年採択された「グローバル人材育成推進事業」がいよいよ本格的に動き出したことである。事業の一環としてこの二月には、UCリバーサイド校に東北大学オフィスが設置された。短期留学プログラムであるスタディ・アブロード・プログラム（SAP）も格段に充実し、今年度は昨年度の倍以上の二八〇名の学生を派遣できることとなった。

第七位は、ユニバーシティ・ハウス（UH）片平とUH三条Ⅱの供用が、それぞれ四月と一〇月に開始されたことである。これでUHは収容人数が六八〇名となり、学生寮の収容人数とほぼ同規模となった。UHでは日本人学生と留学生が混住する形態を採用しており、本学の国際化に大きな貢献をするものと期待している。

第八位は、本学のAO入試制度についての教育再生実行会議によるヒアリングが、八月一日に行われたことである。一〇月には同会議から入試制度に関する第四次提言が出されたが、これを報じたある新聞記事の中で、本学で行っているAO入試が、新入試制度における学生選抜のお手本であるとまで報じられた。

第九位は、全学教育の中で、展開ゼミが新たに開始され、さらに英語・中国語の授業科目の充実が図られたことである。特に展開ゼミは、基礎ゼミに続く少人数教育であり、今後ますます発展させたい。

第一〇位は、スチューデント・ラーニング・アドバイザー（SLA：学生による学生への教育指導）、グローバル・キャンパス・サポーター（GCS：留学経験者による未経験者への指導）制度を、正式に導入したことである。

以上が私なりの教育および学生支援に関する一〇大ニュースであるが、この他にも多くの出来事があった。学務情報システムの導入、本学東京分室の就職活動学生への開放、初めての就活バス運行、などなど。それらすべてが重要な出来事であったことは間違いない。一〇大ニュースで取り上げなかったから、それらを軽いと考えている訳ではないので、ご了承願いたい。」

挨拶ではこの話題の後に、元旦の曜日と年末年始の連休の関係や、一年を通しての連休の関係のことなども話したのだが、ここでは省略したい。

この御用納めの日の夕方に、総長をはじめとする本学執行部関係者の忘年会が開催された。この場で、教育および学生課外活動関係で、こんな出来事がありました、と上記一〇大ニュースを紹介したところ、多くのことがあったのですね、とは皆さんの感想である。

二〇一四年は、もっともっと、良いこと尽くしの年でありたいものである。

（二〇一四年一月一〇日）

9　The great teacher inspires

大学における人材育成に関するあるシンポジウムのことである。企業から参加した講演者の一人が、話の最後に次のようなことを述べた。「ウイリアム・アーサー・ワードは、『平凡な先生は話す。良い先生は説明する。優れた先生はやって見せる。偉大な先生は火をともす。』と表現している。大学でも、学生の心に火をともすような教育を大いにやってください。」「先生（教員）」に対するこの表現はなかなかうまいものだ、この格言を作ったワードとはいったいどういう人なのだろう、と興味が湧いたのでインターネットで調べてみた。

英語版Wikipediaには、ウイリアム・アーサー・ワード（William Arthur Ward, 1921-1994）は、米国ルイジアナ州出身で、軍の仕事を終えた後は、メソジスト教会やいくつかの大学で働きながら、コラムニストとして活躍したとある。しかし、何が主な職業か、何で生計を立てているのか、よく分からなかった。最初の説明文に、「アメリカ人の中でもっとも数多く、格言が引用された作家の一人」との紹介が書いてあったので、文筆家なのかもしれない。

先に示した教員に関する文章の英文は次のようなものである。

The mediocre teacher tells.
The good teacher explains.
The superior teacher demonstrates.
The great teacher inspires.

これに対する日本語訳もいろいろあるようだ。調べているうちに、本学第一七代総長の西澤潤一先生が引用していることも知った。私自身は直接確かめていないのだが、西澤先生の著書『教育の目的再考』（岩波書店、1999, 二九ページ）に書いているのだという。この他にも、西澤先生はこの格言を何度もご自身の著作物に引用しているらしい。ご自身の訳かどうかは分からないが、西澤先生は次のように表現している。


凡庸な教師はただしゃべる。

よい教師は説明する。

すぐれた教師は自らやってみせる。

そして、偉大な教師は心に火をつける。


ワードのこの表現、それにしてもうまい。うまい表現だから、こんなにも知れ渡り、残されているのであろうが。

私なりに分析すると、次のようなことではないか。凡庸な教員、良い教員、優れた教員に対しては、言わばその「授業の中」でのことが記述されている。すなわち、学生に対して、「話す」、「説明する」、そして、実際に「やって見せる」と。ところが、偉大な教員に対しては、時間的にも、空間的にも、「授業という枠を越え」て、学生に影響を与える、学生に火をつける、学生に火を灯す、あるいは学生を鼓舞する、と表現する。これは、前の三つの教員のレベルをはるかに超えるもので、「偉大な」教員であることを確かに強烈に印象付ける。

さて、ワードの格言は現在も多くのものが知られているようである。そのような中で、比較的数多くウェブサイトに出てくる格言に次のようなものがあった（出典は次のウェブサイト：http://becom-net.com/wise/wiriamu.a-sa-.Wa-do.shtml）。

Flatter me, and I may not believe you.
Criticize me, and I may not like you.
Ignore me, and I may not forgive you.
Encourage me, and I will not forget you.

お世辞を言われたら、あなたのことは信じない。
批判されれば、嫌いになる。
無視されれば、許さない。
勇気づけてくれれば、忘れない。

The pessimist complains about the wind.
The optimist expects it to change.
The realist adjusts the sails.

悲観主義者は風にうらみを言う。
楽観主義者は風が変わるのを待つ。
現実主義者は、帆を動かす。

ところで調べてみると、これらの格言は、「イギリスの一九世紀の教育哲学者」である「Arther Williams」、あるいは「William George Ward」の作であるとしている日本語（人）のウェブサイトが少なからずあった。これは明らかな誤りなのだが、日本ではどうしてそんなふうに広まったのだろう。誰か、これらの格言を日本に紹介した初期の頃に、作者を間違えた人がいるのかもしれない。

（二〇一四年三月一〇日）

10　学位記授与式と入学式

本学の二〇一三年度の学位記授与式は三月二六日（水）に、二〇一四年度の入学式は翌週の四月三日（木）に、どちらも仙台市体育館で執り行われた。いずれもその前日に、東北学院大学の学位記授与式と入学式が行われている。何年も前から、会場の設営を東北学院大学が、撤収を本学が行うことで合意ができているのである。事務方に調べてもらったところ、おそらく、一九九八年三月の学位記授与式から、この体制ができたようだ。そして、二〇一八年度までの日程も既に決まっている。このやり方は、二つの大学が別々に独立して行うよりは、はるかに効率が良く合理的である。

さて、今年の学位記授与式には、学部学生および大学院学生合わせて二七七四名、保護者二一四四名、合計四九一八名が入場した。これは昨年よりも学生が四六名減、総数で四三二名減であった。

一方、入学式は、資料の配布数などから、学部学生二五六九名、大学院生六〇九名、保護者二三五四名、合計五五三二名が入場した。ただし、学部学生の入学手続き者は二五五八名であるので、少なくとも一一名の大学院学生が誤って学部学生の資料をもって行ったようだ。それはさておき、昨年は、それぞれ二五四二名、六一二名、二一〇〇名（用意した資料数で、すべて配布）、合計五二五四名なので、今年度は三〇〇名近く増加したことになる。確かに、壇上から見ていても、2階両側の保護者席はほぼ満席状態で、今までにない多さとの印象をもった。

さて、どちらの式も厳かに粛々と執り行われ、一つの区切りであり、そして門出である式として、大変良かったと自画自賛している。学位記授与式では、堂々と胸を張って、皆さんの顔はやり遂げたという達成感に満ち溢れていた。いっぽう、入学式では、喜びの中にも新しい生活を踏み出すという緊張感が漂っていた

さて、式自体は良かったのだが、会場周辺の住民の人たちから、今回も苦情が届いた。双方の式に、沢山の在校生も集まってくれたのだが、中にはバイクや車で来た人もおり、一部の人が会場周辺のコン

ビニの駐車場に、無断で長時間駐車したようだ。店員さんが見つけて注意しても、捨て台詞を吐いた人もいるとのことで、大変な怒りの苦情だった。

また、入学式では歩道に溢れんばかりに並んでサークルの勧誘をしていたとのことで、住民の人たちが歩くスペースがないとの苦情もあった。もちろん、在校生が会場周辺に来ること自体は大歓迎である。しかし、マナーにはくれぐれも注意してほしいものだ。入学者や卒業者・修了者にとって、学位記授与式や入学式は一生に一度のとても大事な行事であるので、汚点は残さないでほしい。

ところで、本学の入学式は、大学紛争のあおりを受けて一九七〇年度から中止されていた。復活したのは一九九二年度である（『東北大学百年史　三　通史』(2010) による）。当時九九あった国立大学の中で、本学は最後に入学式を復活させた大学である、と聞いたことがある。なお、学位記授与式はこの間も挙行されていた。

（二〇一四年四月一〇日）

11　献血事業への協力

本学の川内北キャンパスでは、年に何度か日本赤十字社の献血車を構内に入れて、献血への協力を行っている。この協力を開始して以来二〇年を超えたことから、同社から「金色有功賞（きんしょくゆうこうしょう）」が授与されることになった。受賞対象は「東北大学川内北キャンパス」である。

先月三月二〇日に、日本赤十字社東北地区所長のI先生（本学出身の医師）と事務方のKさんが、川内の理事室を訪問し、記念の盾を渡してくださった。この盾は現在、川内北キャンパス厚生会館入り口の、サークル活動などで受賞したトロフィーなどを飾っているケースの中に納め、学生の皆さんに見てもらっている。

この機会に教育・学生支援部学生支援課のT課長に献血事業の話を聞いたところ、川内北キャンパスはこれまでも何度か表彰されていることを知った。確かに、川内北キャンパスには約五〇〇〇名の学生がいるので、献血車がくれば多くの人が協力できることになり、効率が良い。

ところで、T課長から、献血希望者の三~四割もの女子学生が、比重が軽いため献血ができないとの話があった。どうしてこんなに多いのか、本学だけなのか、最近のことなのか、少々心配になったので、本学保健管理センター長のK先生に問い合わせてみた。

偶然のことだが、私が問い合わせた翌日、K先生はI先生とお会いする機会があり、私の質問の内容を聞いてくださったのだそうだ。I先生の答えは、大学生にあたる年齢の女性は、三~四割ぐらいの確率で比重が軽い（貧血とイコール）ということで献血できず、東北大学特有の現象ではないとのことだった。そして、これは従来からの現象で、最近特に顕著になってきたことでもないと認識しているとのことである。この回答を得て、私はひとまず安心した。

献血は、私も学生時代に何度も、おそらく一〇回以上はしているものと思う。しかし一九八四年にイギリスを訪問していたため、その後（調べてみると二〇〇五年から）献血ができなくなっていた。変異型クロイツフェルト・ヤコブ病の発症が心配されてのことである。ところが今回調べてみると、二〇一〇年一月二七日より、イギリスに通算一か月以上（三一日以上）滞在した場合に限り献血ができないと、条件が緩和されたようだ。これはまったく知らなかった。私も晴れて、再び献血できることになったようだ。


（二〇一四年四月一〇日）

12　サウジアラビア訪問

四月一四日（月）から一八日（金）まで、サウジアラビアの首都リヤドを訪問した。同国の高等教育省が主催する第五回高等教育コンファレンスに本学が招待されたからである。本学の参加は第二回からで、今回で四回目となる。本学からは、第二回から連続して参加している留学生課のK係長と、私と同じく初めて参加する歯学研究科のT先生の三人で参加した。

コンファレンスはリヤド郊外の国際展示場で開催され、「イノベーション」がテーマのシンポジウム、約三五〇の大学が設けたブースでの大学紹介、そしてワークショップの三つの行事からなる。ワークショップは三つの小さな会議室で並行して行われたが、その中身は大学紹介である。プログラムによると、一つの時間枠は四五分間で、七五の大学がワークショップを開催することになっていた。

私自身は、ワークショップには参加しなかったが、シンポジウムでは二つのセッションに出て、残りの時間はブースで主に学生相手に本学の紹介を行った。どちらも大変楽しむことができた。このコンファレンス全体を通じて、サウジアラビアの高等教育にかける熱意のようなものを感じることができた。

さて、サウジアラビアへの渡航は今回が初めてである。一四日の夕方に仙台を離れ、一八日の夜に仙台に戻る日程で、リヤドのホテルで二泊、機内で二泊の、四泊五日の出張ということになる。強行軍と言えば強行軍であったが、それでもこの出張、大いに楽しむことができた。

以下、この出張で見聞した中で、三つのことについて書いてみたい。

〈茶灰色の街と空〉

サウジアラビアは人口約三〇〇〇万人で、首都のリヤドには五〇〇万人が住んでいるという。街の中心街にこそ高層の建物があるが、ほとんどの建物は2階建てであった。そして建物の色は「茶灰色」とでも形容されよう。茶色そのものではなく、灰色そのものでもない。その中間色のような色合いである。

もちろん、建物に掲げられた看板などは鮮やかな色も使っているが、街全体の色調は茶灰色である。

　街全体が茶灰色の印象を与える大きな理由は、植物が圧倒的に少ないこと、いやほとんどないことである。街路樹もほとんどなく、芝生もない。そして空地にもどこにも、（雑）草が生えていないのである。そして、リヤドの街の周辺には、山が全くないので、目に飛び込む光景は、2階建ての建物だけなのである。道路と建物以外の地面は、砂で覆われている。

　そして、特に初日の一五日は、空も茶灰色であった。飛行機でリヤドの空港に近づくあたりから気づいたのだが、細かい砂が舞い上がっているのだろう、地面近くが茶灰色であった。逆に空港に降り立つと、今度は空が茶灰色に見えた。外に出てみると、少し、目がチクチクする。きっと、細かい砂が目に入ってきているに違いない。なお、二日目と三日目は空に青さが出て、透き通ってきたことが分かった。

　さて、私たちのホテルは政府が用意したもので、一泊数万円もする高級ホテルとのことである。ホテルの周辺は芝生が整備されていた。朝食の後、周辺を散歩したが、芝生にはスプリンクラーが作動し、水が撒かれていた。芝生の管理も、相当の費用がかかっているに違いない。


〈男性は白、女性は黒〉


　サウジアラビアの男性は白く、女性は黒い。肌の色ではなく、そう、民族衣装のことである。男性の民族衣装は「トーブ」と呼ぶのだそうだが、長袖で足元まで覆う「ワンピース」は、白い生地で作られている。頭には「クーヒィーヤ」と呼ぶ帽子をつけ、その上に白地に赤の文様が入った「シュマーク」と呼ぶ大きなスカーフをかぶり、その上に「イカール」と呼ぶ黒いバンドを置く。足はサンダル履き。ということで、サウジアラビアの男性は、見事に「白」である。

　いっぽう女性は、ガウンのような「アバヤ」と呼ぶ黒い布で全身をしっかりと覆う。そして顔には黒いマスク（きちんとした名前があるかもしれない）をしているので、露出しているのは、手と足と、そして目だけである。すなわち、全身これ黒一色、サウジアラビアの女性は見事に「黒」である。

ところでコンファレンスに参加した外国の女性も、このアバヤを着ることを要請（強制？）されていた。展示場の入口付近に女性専用のコーナーがあり、そこでこのアバヤを貸していたようである。また、日本から参加した女性の方に聞いたところでは、会場以外でも、例えばホテルでも、このアバヤを着ることを要請されたという。

黒いマスクをして顔まで隠した女性はサウジアラビアの女性とすぐ分かるのだが、会場には黒いアバヤを着ているのだが、顔にはマスクをしていない女性もたくさんいた。この人たちはサウジアラビア以外の国々のイスラム教徒に違いない。また、会場には少数であるが子供も来ていたが、民族衣装は着ていなかった。何歳と決まっているのかは分からないが、おそらく大人とみなされる年ごろから民族衣装を着るのだろう。

〈気温は四〇℃〉

渡航前に読んだガイドブックでは、リヤドの四月の気温は二五℃から三〇℃の間だという。そこで、長袖と半袖と両方のワイシャツを持参した。さて、ドバイからの飛行機の中で聞いたリヤドの情報である。一五日の気温は三七℃という。ガイドブックとは違うではないか、これはたまらんなーと憂鬱になったのだが、リヤドの空港で外気温に接しても、少しも暑さを感じないのには驚いた。

ホテルのテレビで見た天気予報によると、翌一六日は三八℃、一七日は三九℃との予報であった。実際、ホテルから国際展示場に行く道路の途中に現在の気温を表示しているところがあったが、一七日の一〇時ごろ移動の車から見ると、気温は四〇℃であった。

毎日短い時間であるが外気温に触れていたのだが、やはり、ちっとも暑さを感じないのである。これは湿度がとても低いからに違いない。日本大使館に雇用されている現地の方によると、あと一か月もすればリヤドの気温は五〇℃になるという。四月は四〇℃くらいで、まだ過ごしやすいのだそうだ。日本の夏の高湿度による蒸し暑さは、気温は低くとも中東の人には耐えられない性質の暑さに違いない。

〈ノンアルコール・ビール〉

サウジアラビアは中東諸国の中で、一番イスラム教の教義を厳守している国であるらしい。他のイスラム教の国々とは違い、国内にはアルコールは一切ないという。入国した外国人も禁酒が強いられる。毎日のようにお酒と楽しく過ごす時間をもっている私であるので、この出張でどうなってしまうのか、実は戦々恐々としていた。

アラブ首長国連邦のドバイ経由でサウジアラビアのリヤドに入ったのだが、ドバイの空港からの飛行機の中でも、すでにアルコールのサービスはなかった。帰国の途について一八日未明にドバイの空港に着いたのだが、それまでアルコールをまったく口にしなかったので、私たちは丸三日間、アルコールを抜いたことになる。

リヤドのホテルの冷蔵庫には、ソフトドリンクとともにノンアルコール・ビールがあったので、二泊目の夜に飲んでみた。これは美味しくなかったですねー。どこのメーカーかは見なかったが、日本のメーカーでないことは確かである。

さて、ホテルでの食事もすべて同国政府が出すということだったので、ノンアルコール・ビールも無料だと思ったのだが、チェックアウト時にしっかりと請求された。二五リヤルとのことで、日本円では八〇〇円程度である。なお、今回の出張中、サウジアラビアでお金を使ったのは、このノンアルコール・ビールの代金を支払うときだけであった。

さて、サウジアラビアから帰国の途中、経由したドバイの空港での待ち時間に空港ラウンジを利用した。そこには、冷えたビールがあったので、T先生、Kさんと三人で、しっかりビールをごちそうになった。イヤー、なんとおいしかったことか。

ということで、恐れていたアルコールの禁断症状はまったく出なかった。これで、私の体はまだアルコール漬けになっていないことが証明されたようだ。もっとも、毎日疲れていたので、お酒の力を借りなくとも、すぐに眠りに落ちたというのが真相だろう。

ところで、主催者からもらった資料の中に、私たちが到着する前の日の一四日夕方、宿泊したホテルで「カクテル・パーティを開催するので招待したい」とのカードが入っていた。アルコールが入らないカクテルなどあるのだろうかと思い、Wikipedia で調べてみたら、最近はノンアルコールのカクテルもある、とありました。うーむ、これも別に飲まなくとも良さそうだ。

（二〇一四年五月一〇日）

13 「Falling Walls Lab Sendai」事前説明会

一九八九年一一月九日、ベルリンを二分していた壁が崩壊した。当日のニュースで、多くの市民が壁の上に立ち、ツルハシで足下の壁を壊している場面が流された。それは、とても印象的なシーンであった。

その日から二〇年後の二〇〇九年、ベルリンの壁崩壊を記念して、ドイツにＮＰＯ団体「Falling Walls Foundation」が設立された。この財団の目的は、科学を遂行するにあたり、障害となっている壁を取り払うことである。

この財団の事業の一つが、「Falling Walls Lab（ＦＷＬ）」イベントである。自分の研究を、持ち時間三分間（質疑を除くと二分半）で、三枚のスライドを用いてアピールするとともに、その研究が障害（walls）をどのように取り除くのかを説明する。研究のユニークさとともに、プレゼンテーションの善し悪しをも競うイベントである。このイベントには、大学生（一八歳程度）から三五歳までの若手研究者は誰でも参加できる。

予選は世界各国で行われているが、二〇一四年度は東北大学が中心となって仙台でも行うことになった。「Falling Walls Lab Sendai（ＦＷＬＳ）」である。日本では本学が最初の参加となる。この仙台大会で一位から三位の人は、一一月八日にベルリンで行われる決勝コンペティッションに参加できることとなっている。

さて、この大会を成功させようと、秘書室のＫさん、総長室のＯさん、本学特任准教授のＳさんらが中心となり、実務・実行部隊を作っている。また、教員側も運営委員会を設置し、参加者の募集を現在行っている。

その一環として、この四月二三日（水）、事前説明会を青葉山キャンパスの工学研究科中央棟の大会議室で開催した。内容は、本学研究推進本部ＵＲＡセンターのリサーチ・アドミニストレイター特任准教授のＳさんによるＦＷＬＳへのエントリの仕方の説明と、同じく同センターの特任教授Ｔさんによる「３分間プレゼンの前に、『１分話力』〜人にモノを伝えるとは〜」と題する講演である。Ｔさんは、投資信託関係の営業を経験された方で、元外資系会社の取締役社長も務められた。

私もＦＷＬＳ運営委員会の委員を務めている関係で、この会で挨拶を行った。私の挨拶の内容は、大要以下のようなものであった。「だ・である体」で記す。


『Falling Walls Lab Sendai』事前説明会に、こんなにも多くの方が参加して下さったことに、主催者側として厚く御礼申し上げる。ＦＷＬＳ運営委員会委員として一言、ご挨拶したい。

ＦＷＬＳとはどのようなものであるのかの詳細は、私の後にお話しされる本学特任准教授のＳ先生の講演に譲りたい。私の挨拶では、今日今ここに立って挨拶をしている時間もまさにそうなのだが、短い時間でメッセージを伝えることの難しさについて話してみたい。

皆さんは丸谷才一さんをご存知だと思う。小説家であり、翻訳家であり、そして文芸評論家でもある。私は丸谷さんの小説やエッセイの大ファンであったが、残念ながら、一昨年の秋（二〇一二年一〇月一三日）、八七歳でお亡くなりになった。

さて、丸谷さんが出版した本の中に、『挨拶はむづかしい』（朝日新聞社、1985）、『挨拶はたいへんだ』（同、2001）、『あいさつは一仕事』（同、2010）という三部作がある。三冊の本の題名をつなげると、「挨拶は難しく、大変で、一仕事なのだ」という具合になる。私も全くその通りだと思う。

これらの本は、挨拶とはこういうものだ、挨拶とはこういうふうにすべきだ、などと挨拶について論じたノウハウ本ではない。丸谷さんが実際に行った挨拶の原稿を集めた本なのである。丸谷さんは著名な方なので、結婚式での祝辞、お葬式での弔辞、文学賞授賞式での祝辞など、多くの挨拶を頼まれた。

丸谷さんはもちろん、『何々（ここにはミニスカートがはいるのだが…）と挨拶は短いほどよろしい』という立場に立つ人である。そのため、しっかりと原稿を作成して挨拶に臨んだとのことだ。原稿は推敲に推敲を重ね、余計なところをそぎ落とし、短いながらも内容のある、密度の濃いものを目指したとのこと。実際、文学賞授賞式での挨拶の原稿は、鋭い批評になっており、文芸作品として成り立っている。

一昨年の秋、丸谷さんが亡くなられた後、何人もの方が丸谷さんを悼むコメントをされたが、ある方のコメントの中に、丸谷さんの挨拶は天下一品で、『丸谷さんが挨拶される会なら、ぜひ出てみようという人までいた』とあった。

ということで、丸谷さんはしっかりと原稿を作られて挨拶に臨んだので、その原稿がもとになって本が作られ、その場にいなかった私たちも、丸谷さんの挨拶を味わうことができるのである。なお、付け加えると、丸谷さんは原稿をしっかりと手にもって、こんな感じで話をなされたとのことである。

さて、短い時間の間に、内容のある密度の濃い話をするためには、それなりのしっかりとした準備が必要である。また、人を惹きつけるためのそれなりのテクニックもある。本日の会では、本学の特任教授で、元ゴールドマン・サックス・アセット・マネジメント代表取締役社長を務められたT先生に、この辺りの話をしていただくことになっている。

本日の二時間の事前説明会、皆さんに十分楽しんでいただいて、ぜひＦＷＬＳにチャレンジして欲しい。きっと、皆さんにとって、ＦＷＬＳへの参加は、大変有意義で有益な機会となること間違いないであろう。」

この事前説明会には、こちらが予想した以上の一〇〇名もの学生や若手研究者が参加してくれた。大変嬉しいことである。しかしながら、この会への参加者は理系の人たちが多かったとの分析で、今月の二七日（火）に、もう一度この事前説明会を、文系部局のある川内キャンパスで開催することとしている。文系の諸君もぜひ、ＦＷＬＳに参加してほしいものである。

（二〇一四年五月一〇日）

14　ジョージ・タケイ氏講演会

二〇一四年六月六日（金）の夕方、ジョージ・タケイ（George Takei）氏の講演会を川内北キャンパスで開催した。タケイさんといってもピンとこないかもしれない。では、米国のテレビドラマや映画の「スタートレック」に出演した日系人俳優と言ったらどうだろう。思い出す方も多いのではなかろうか。役の名前は、「ミスター・スールー」であるが、日本語吹き替え版では「ミスター・カトー」と呼ばれている。

実は、私自身はこのテレビ番組や映画を見たことはない。それでも、予告編のような番組紹介では何度も見ている。タケイさん演ずるミスター・カトーが、上半身裸で、ちょうどブルース・リーのような格好で出てきたシーンは特に印象に残っている。

さて、タケイさんは、一九三七年にアメリカのカリフォルニア州で日系三世として生まれた。第二次世界大戦が起こると、アーカンソー州の強制収容所へ収容される。そこで三年間を過ごし、戦後、家族とともにロサンゼルスに戻る。その後タケイさんはカリフォルニア州立大学ロサンゼルス校（ＵＣＬＡ）で演劇学を学び、修士号を取る。そして映画出演などを経て、スタートレックに出会う。この作品は大ヒットし、タケイさんはハリウッドで名声を得た米国でもっとも著名な日系人と言われている。

今回の講演会は、アメリカ札幌総領事館から申し出があったもので、本学ではグローバル人材育成推進事業（ＴＧＬ）プログラムの一環として行われた。当初は学内限定の講演会にしようと考えていたのだが、タケイさん自らがフェイスブックで講演会のことを紹介したため、学外者からの問い合わせも多く、急遽会場を大きい教室に変えて、本学も学外への広報も行うこととした。

講演の題名は、「変革の起こし方―ハリウッドへの道のり、またその先へ―（Embracing Change：My Journey to Hollywood and Beyond）」と題するものである。約一時間の講演と二五分間の質疑応答を行った。

タケイさんは二〇〇五年に、自分がゲイであることをカミングアウトし、それまで二一年間にわたりパートナーであったブラッド・タケイ氏との結婚を発表した。ブラッドさんは、タケイさんのマネージャーを務めており、今回の日本訪問にも同行し、講演会にも出席した。

講演では、強制収容所での生活など日系米国人として苦労したこと、ボランティアで選挙活動を手伝ったこと、長年ゲイを隠してきたこと、ゲイであることをカミングアウトしたこと、その後性的少数者の権利獲得のために運動を行ったことなどに言及した。

さて、二〇〇五年にカミングアウトした理由であるが、同年、同性婚を認める法律がカリフォルニア州の上・下院で可決されたものの、州知事のアーノルド・シュワルツネッガー氏が拒否権を発動し、法案に署名しなかったのだそうだ。この事態に憤りを感じ、タケイさんはカミングアウトし、そして権利獲得運動を表立って行うことを決意したのだという。「アメリカでは民主主義が機能しており、時には時間がかかるものの、着実に正義（justice）が実現している」と強調されたことが印象的であった。

この講演は英語で行われ、逐次通訳された。タケイさんは俳優だけあって、素晴らしい声の持ち主であり、多弁ではなく短い言葉で簡潔に、そして時にはユーモアを交えての講演であった。なお、通訳者はNHKの外郭団体グローバルメディアサービスのOさんである。Oさんの通訳も大変素晴らしいものであり、この講演を成功に導いている。

会場には、ほぼ満席となる二〇〇名を超える学生や市民の方が詰めかけた。教員、特に外国人教員も多かったし、日本人学生に加え留学生も多数出席した。

さて、この講演会開催に当たり、教育を担当する理事として挨拶を頼まれた。挨拶は一～二分の短いものにしてくださいとの依頼であったので、大要次のようなことを述べた。でも、実際は五分くらいかかったのではなかろうか。以下、いつものように「だ・である体」で記す。

「今から一一年前の二〇〇三年の今日、六月六日（金）のことだが、ワシントンDCで、日本学術振興会（JSPS）主催の'Science in Japan'フォーラム『Cosmos and Earth』が開催された。

その前年に、東京大学の小柴昌俊先生が、ニュートリノ研究でノーベル物理学賞を受賞されたので、『Cosmos and Earth』がテーマとして選ばれたようだ。私も小柴先生とご一緒にフォーラムに参加し、私の専門である海洋学研究の日本の現状を紹介した。

次の日、六月七日（土）の夕方のことである。その日は、アメリカにいる友人とスミソニアン博物館などを見学し、夕方、寿司屋さんに行った。ビルの3階にあるレストランだったろうと思う。席は『通り』の様子がよく見える窓際だった。食事をしていると、少し派手な格好をした男の人たちや女の人たちが、大勢集まってくるのが見えた。とても大勢であり、しばらくすると音楽が流れ、パレードをし始めた。

このパレードの意味はすぐ分かった。ゲイやレズビアンの人たち、すなわち、『性的少数者』のデモだったのである。もちろん、二〇〇三年当時、既にこのような性的少数者の権利獲得のためのデモが各地で行われていたので、このパレード自体は驚くものではなかった。

驚いたのはパレードの最後の方である。なんと、何台ものポリスカーがサイレンやクラクションを鳴らして通り過ぎていくのである。そして続いて、真っ赤な消防車も何台も通り過ぎていったのである。

つまり、これら公共の車も、デモの参加『車』だったのである。

これにはさすがにびっくりした。公共の車がデモやパレードに参加するのは、日本ではその当時も、そして現在ですら、とても考えられないことだ。米国はとても進んでいるなー、と感心した出来事だった。

さて、本日は、皆さんよくご存知のスタートレックのヒカル・スールー役、日本語吹き替え版ではミスター・カトー役でおなじみの俳優ジョージ・タケイさんが、私たちのために講演をして下さることになった。

タケイさんが、これまで歩んで来られた道、先ほどエピソードとしてお話しした性的少数者としての権利獲得のための活動、その中で味わった苦労などを題材に、私たちに対して信念をもって生きることの大切さを話してくださるものと思っている。私もタケイさんの講演を大変楽しみにしている。

最後にこのような素晴らしい機会を与えて下さったアメリカ大使館札幌領事館のご配慮に、感謝申し上げたい。」


（二〇一四年六月一〇日）

15　第五三回七大戦壮行会

今月二日（水）の夕方、川内南キャンパスにある川内萩ホールで、第五三回全国七大学総合体育大会、通称七大戦の壮行会が、続いて、同ホール会議室に会場を移してレセプションが開催された。

どちらの会も、本学応援団が主催した会である。このレセプションで、冒頭の挨拶と乾杯の発声を頼まれた。私の挨拶は、大要以下のようなものであった。以下、「だ・である体」で記す。


「学友会副会長として一言、挨拶したい。

四二種目中一一種目が終わった昨日現在、本学は東京大学に2ポイント差の第二位につけている。まだ、三一種目残っているので、十二分に優勝は射程距離の中である。今後も油断しないで、それぞれの種目で、たとえ優勝が叶わなくとも、少しでも順位を上げるよう頑張っていただきたい。

さて、私は、スポーツはからっきしダメで、クラブやサークルに入っての運動はしてこなかった。そんなこともあり、本学の体育部関係の活動や、七大戦についての知識は全くなかった。しかし、この立場になったので、最近いろんなことを調べるようになった。

昨年度のこの会では、調べたことの一端として、七大戦がどのような経緯から始まったのかを話した。要約すると、一九六〇年ごろ、北海道大学体育会の委員長であった稲見芳治さん、その次の委員長の阿竹宗彦さんのアイデアと行動で、七大学の体育会がまとまり、開催に至ったというものである。

当然のことながら七大戦は学生のみの力ではできず、大学からの支援が必要となる。そこで、阿竹さんたちは、第一回目の大会を北海道大学でやりたいということで、課外活動などの学生支援を担当していた学生部の次長さんに協力をお願いした。その結果、学生部も了承し、最終的に当時の杉野目晴貞総長に了解を取ることになる。この話を聞いた当時の杉野目総長は次のようなことを話されたのだそうだ。

『とにかく学生諸君が一所懸命やって纏めたのだから、開会式には各大学の学長さん全部に是非出席して欲しい。私から茅先生にお願いしてみよう』と（苫米地、1990）。茅先生とは、東京大学総長の茅誠司先生のことである。

実際この学長会議が、開会式の前日に行われたという。以後、毎大会続くことになる。もっとも、最近は前日ではなく、当日に行われている。今年も開会式当日五日の午後一時～三時まで、文部科学省の方も交えて行われることになっている。

さて、昨年七月、大阪大学での開会式で、第一回七大戦当時、本学の体育会委員長をされていた佐藤辰夫さん（東京にお住まいで医療法人理事長）にお会いした。佐藤さんから、第一回が開催された一九六二年当時、七大学の総長のうち四名が東北大学の卒業生だったので、開会式には総長が出席する話がすぐに話がまとまったのではないか、との話をお聞きした。当時、七大学の中で、本学出身の総長が四人もいたとのいうのは驚きだった。

そこで、調べてみると、なるほど四名の総長が本学出身者であった。北から、北大の杉野目晴貞先生、本学の黒川利雄先生、東京大学の茅誠司先生、大阪大学の赤堀四郎先生である。

北大の杉野目先生と阪大の赤堀先生は理学部化学科、東大の茅先生は理学部物理学科、そして本学の黒川先生は、皆さんよくご存知のように本学医学部の出身である。

七大戦の設立に関しては、北海道大学の体育会委員長の稲見芳治さんやその後を継いだ阿竹宗彦さんの名前が決まって出てくるのだが、彼らのよき理解者として、本学の出身者四名を含む七名の各大学の総長がおられた、と私は理解したい。すなわち、本学関係者も七大戦の創立に大いに貢献したと私は考えたいのである。

さて、第一回七大戦では、阿竹さんが応援団長だったということもあり、北大応援団も開会式などで大いに活躍したであろう。そして、それを見た本学総長黒川先生は、応援団の創立を思いついたのではなかろうか。本学の応援団が設立は、翌一九六三年の六月である。また、そのような訳で、応援団の部長を、里見総長をはじめとし、代々医学部の先生方が務められているのだろう。

話が長くなった。今年も皆さんの頑張りに期待したい、今年も優勝しよう。」

〈参考文献〉
苫米地秋郎、1990：国立七大学総合体育大会（七帝戦）の思い出。㈳学士会報、No. 789、平成二年一〇月号。

（二〇一四年七月一〇日）

第一回七大戦が行われた一九六二年当時の七大学総長

大学名	総　長 （生年－没年）	ふりかな	代	就任期間	出身大学・学部
北海道	杉野目　晴貞 （1892-1972）	すぎのめ　はるさだ	第7代	1954-1966	東北帝大・理
東　北	黒川　利雄 （1897-1988）	くろかわ　としお	第10代	1957-1963	東北帝大・医
東　京	茅　誠司 （1898-1988）	かや　せいじ	第17代	1957-1963	東北帝大・理
名古屋	松坂　佐一 （1898-2000）	まつざか　さいち	第4代	1959-1963	東京帝大・法
京　都	平澤　興 （1900-1989）	ひらさわ　こう	第16代	1957-1963	京都帝大・医
大　阪	赤堀　四郎 （1900-1992）	あかほり　しろう	第7代	1960-1966	東北帝大・理
九　州	遠城寺　宗徳 （1900-1978）	えんじょうじ　むねのり	第11代	1961-1967	九州帝大・医

16　グローバル市民なる視点

二〇一四年七月二五日（金）に、この四月に本学が立ち上げた「高度教養教育・学生支援機構」の発足記念国際シンポジウムを開催した。テーマは「21世紀グローバル世界が求める人間像と教養教育」である。

シンポジウムのテーマが示しているように、急速な「グローバル」化が世界で進んでいることを踏まえ、そのような状況で求められる人材像はどのようなものか、そして人材育成に当たっての教養教育はどのような位置を占めるのか、などを議論するのが目的であった。

シンポジウムには多くの方を招待し、基調講演やパネル発表、総合討論を行っていただいた。その中の基調講演者の一人に、前ユネスコ事務局長の松浦浩一郎氏がおられる。松浦さんは外務省で経済協力局長や北米局長、外務審議官、駐仏大使などを歴任されたのち、一九九九年から二〇〇九年まで、ユネスコ事務局長を務められた。ユネスコ初のアジア人の事務局長であった。松浦さんによれば、ユネスコには現在一九〇を超える国が加盟しており、職員数は約三〇〇〇人で、およそ一五〇の国々から出向しているという。

松浦さんには、「21世紀を生きるグローバル市民をどう育成するか—大学教育に期待すること」と題して基調講演をしていただいた。この中で、松浦さんは、「グローバル市民」、「グローバル人材」、そして「グローバルリーダー」を明確に定義して議論された。とても印象的な、私にとっては目から鱗が落ちるような講演であった。松浦さんはレジュメを用いて講演されたのだが、そのレジュメから引用してそのあらましを述べたい。

松浦さんの講演ではまず、「世界的な規模でグローバル化が急速に進展」（第1章の題名。以下同様）していることを述べる。次に、現在、「日本は歴史的に見て大きな曲がり角に直面—明治維新直後及び第二次世界大戦直後に匹敵」（第2章）していることを強調する。そして、日本全体として整合性のとれた総合的な戦略が必要であると主張する。

そして、「グローバル市民の定義」（第3章）、「グローバル市民の心得5か条と大学教育の役割」（第4章）、そして「グローバル人材に必要な追加的な5か条」（第5章）と続いた。第3章から第5章までの話を私なりに構成を変えて、表現も簡略化して、その概略を紹介したい。

〈グローバル市民とは〉
自分が所属する国が直面している国際問題はもちろんのこと、国内問題についても国際的な視野を踏まえて考察し、そして行動する人。

〈グローバル人材とは〉
海外の諸国と関係する国内の政府や行政機関、地方公共団体、民間企業、大学や研究所、NGO、さらには国際機関で文化的背景の異なる外国人とも協調的に仕事ができる人。

〈グローバルリーダーとは〉
国際的な展開をしている民間企業、大学や研究所、NGOのトップとして、さらには国際機関の長として文化的背景の異なる外国人を部下として使いつつ国際的に活躍する人。

〈グローバル市民の心得5か条〉

(1) 高校から大学、さらには生涯を通じた学習による知識の吸収と自分の考えをもつこと（大学教育が重要）。
(2) 日本人として日本の歴史や文化を学ぶこと（外国人との接触では、日本の代表として日本のすべてを知っていることが期待される）。
(3) 常日頃外国の出来事に関心をもち、異文化に対し理解を深めること。
(4) 国際問題のみならず国内問題についても国際的視野で分析し、日本史の上だけでなく世界史の上で位置付けて、それらに対し自分の考えをもつこと。
(5) 他人と議論し、切磋琢磨すること（これも大学教育が鍵）。

〈グローバル人材・リーダーに必要な追加的な心得5か条〉

(1) 英語で外国人とコミュニケートし、議論できること。
(2) 英語圏でない地域で活動するときはその地域の語学を第二語学として習得すること。
(3) 大学教育で専門分野をもつこと。最低限修士号、可能な限り博士号を取得すること。
(4) 大局観と中期的展望をもつこと。要所では決断を下す力があること。
(5) グローバル人材が部下をもつようになったとき、あるいはグローバルリーダーになったときは、目標を立てて引っ張っていく指導力をもつこと。

以上が松浦さんの講演のあらましである。なお、簡潔な表現にしたため、松浦さんの意図と異なったものになったとすれば、その責任はもちろん私にある。なお、「グローバル市民」や「グローバルリーダー」は、英語でも「global citizen」や「global leader」という表現があるのだそうだが、「グローバル人材」はないとのこと。「global person」とは言わず、「person with global mind」とでも言うのでしょうかね、と話されていた。このあたりのニュアンスは、残念ながら私には分からなかった。私たちもこれまで「グローバル人材」を、「グローバル市民」の概念も入れたものとして使ってきた。しかしながら、世界を股にかけて忙しく走り回る、いわゆる「企業戦士」のような人がグローバル人材であり、そのような人たち（ばかり）を育成したいのか、という誤解を受けてきたことも確かである。今回の松浦さんの話で、もう一つ「グローバル市民」という概念を明確に打ち出してもらったことで、私自身は人材像の整理ができたように思う。これからはグローバル市民の用語も積極的に使いたい。

（二〇一四年八月一〇日）

17　二〇一四年教育・学生支援関係の主な一〇の出来事

一二月二六日（金）は、仕事納めの日であった。今年はマルチメディア棟6階の大ホールで、午後一番に仕事納めの式を行った。式の中で、昨年と同様、私が所掌している「教育・学生支援・教育国際交流」分野における二〇一四年の主な出来事一〇件を選んで振り返ってみた。この一〇件を紹介する。

〈高度教養教育・学生支援機構の設置〉

足かけ二年をかけた議論を基に、新しい機構をこの四月に設置した。既存の五つの組織とグローバルラーニングセンターを統合整理し、本学の教養教育を担う中核的組織、そして全学の教育改革を先導し推進する組織として構想した。専任教員も三〇名の増員が認められ、最終的に九〇名を超える規模となる。一九九三年三月の教養部廃止以来、教養教育を担う本学の組織としては、同年四月からの大学教育センター、二〇〇四年一〇月からの高等教育開発推進センターに続く三番目（三代目）の組織である。なお、この機構の初期の活動を資金的に支えるものとして、文部科学省の「大学改革強化推進事業」に採択された。

〈スーパーグローバル大学創生支援（SGU）事業などの教育プログラムの推進〉

近年、教育分野での競争的資金によるプログラムが多数提案されている。本学はこれらに積極的に取り組んでいるところであるが、二〇一四年に採択された新規事業として、標記のSGU事業や、世界展開力推進事業（ロシア）などがある。既にリーディング大学院プログラム（二件）や「グローバル人材育成推進事業」（GGJ）なども走っており、育成する人材像を明確にした教育が活発に行われている。

〈全学的教育・厚生施設整備第Ⅱ期五年計画の策定〉

教育・課外活動・学生寄宿舎などの環境整備のための全学的基盤経費の、二〇一三年度から二〇一七年度までの第Ⅱ期五年計画が策定された。二〇一二年度以来WGを設置して議論してきたもので、二〇〇八年度から二〇一二年度の第Ⅰ期に続いて、毎年継続した整備が行えることとなった。この目玉の一つに、川内北キャンパス運動場の人工芝への整備がある。

〈七大戦二連覇をはじめとする学生の課外活動での活躍〉

二〇一四年度第五三回全国七大学総合運動大会（七大戦）は、京都大学を主幹校として開催された。本学は、最後の数種目を残して首位に躍り出て、東京大学を振り切り連覇を成し遂げた。これで通算優勝回数は一一回となり、通算一五回の京都大学に次ぐ第2位となった。その他、ボート女子のダブルスカルでの全日本選手権優勝、フットサルの全国優勝、陸上部の二年連続全国大学駅伝への出場、アメリカンフットボール部の東日本決勝への進出など、多くのサークルの活躍が目立った。

〈主要課外活動施設の竣工〉

先の項目で述べた全学的教育・厚生施設整備計画の進展や、津波で消失した施設の復旧がなされた年でもあった。馬術部の馬房・学生活動施設の改修、スキー部の萩雪ヒュッテの改修、ボート部の活動施設の建設、ヨット部の活動施設の建設である。いずれも国や大学の予算の加え、OB・OGの多大な支援もあり、大変立派な施設として整備された。

〈教育システム改革の推進〉

先の項目で述べた教育組織の改革に続き、教育システムの改革に向けても検討が進んだ。中でも、GPA制度と科目ナンバリング制度の二〇一六年度導入が正式に決まった。さらに、柔軟な学事暦検討プロジェクトチームが設置され、クォーター制の導入などが議論されている。

〈FGLプログラムの継続と
TGLプログラムの本格稼働〉

二〇一二年秋に始まったグローバル人材育成推進事業（本学プログラム名は「東北大学グローバルリーダー育成（TGL）プログラム」）が本格的に開始された。この事業の中で、AO入試Ⅱ期で入学する学生を対象に、「入学前海外研修（High School Bridging Program）を行った。国立の大学としては、初めての試みである。また、文部科学省のG－30事業は二〇一三年度で終了したが、本学のプログラムであるFGLプログラムは、ほぼ同じ規模で事業を続けている。

〈「総合学生支援センター」の
建築着工と現事務棟の改修開始〉

「総合学生支援センター」（新事務棟）の建設が始まり、現在二〇一四年度末の完成に向けて急ピッチで工事が進んでいる。また、現事務棟の改修工事も始まり、同じく二〇一四年度末の完了を目指している。この間、教育・学生支援部は、震災後川内北キャンパスに整備された応急仮設A棟とB棟に一時移ることとなった。これらの建物は、四～五月に使用が開始される予定である。

〈新課外活動施設の建設決定〉

新課外活動施設については、建築予定地の埋蔵文化財調査が終わり、二〇一四年度内着工に向け準備が進んでいる。詳細設計が終わり、落札業者も決まった。当初の額よりも資材の高騰などにより、かなりの追加予算があったが、総長裁量経費などにより支援してもらった。

〈明善寮リニューアルを含む学生寄宿舎棟の整備〉

国際交流会館三条、同東仙台、明善寮などの宿舎の整備が着手された。このうち、明善寮は飲酒問題に端を発したのだが、九月末までに寮生全員にいったん寮から出てもらい、現在リニューアル工事を行っている。二〇一五年四月からは、飲酒のできない学生や、飲酒したくない学生たちのための全面禁酒の寮として生まれ変わる予定である。

（二〇一五年一月一〇日）

18　全学教育ガイドと教養教育院特別セミナー

今年も「東北大学全学教育ガイド」を作成する時期になった。このガイドは、新入生に「全学教育」の重要性を訴えるとともに、それを支える仕組みや組織と、その活動内容を紹介するものである。また、教員全員にも配布することで、全学教育をどのようにやっているのかを知ってもらうことも狙っている。私がこの立場に就いた二〇一二年に、このガイドを作成することを提案し、二〇一三年度新入生から配布している。

私は学務審議会委員長として、全学教育ガイドの巻頭言を書いているのだが、今年度は「豊かな実りを得るためには、確かな土壌の準備を！」と題する次のような文章を書いた。

「皆さん、東北大学への入学、おめでとうございます。皆さんはまず、川内北キャンパスで全学教育を受けることになります。全学教育とは、学部を問わない全学のすべての皆さんを対象とした教育のことです。共通教育あるいは基盤教育と呼んでいる大学もあります。

全学教育のコアは、教養教育（リベラルアーツ教育）です。自分や他者のこと、社会のこと、そして自然のことを理解するための基礎知識と、探求の仕方を学ぶための授業科目群が準備されています。皆さんが大学で極めたい専門分野の知識とそれを応用する力を養うという豊かな実りを得るためには、この全学教育で教養を高め滋養豊かな土壌を準備することが肝要です。このガイドを参考に、積極かつ自発的に全学教育を楽しんでください。

本学教養教育院と学務審議会が主催する教養教育特別セミナーを四月一三日（月）の午後に、川内萩ホールで開催します。セミナーのテーマは『地殻変動期の教養・教養教育―新入生とともに考える―』です。皆さん一人ひとりが、全学教育で何を目指すかを考える良い機会ですので、奮ってご参加ください。」

さて、上記のガイドで案内した教養教育特別セミナーであるが、教養教育院所属の「総長特命教授」の先生方がお世話をしているもので、毎年入学式の後早々に行っている。初回は二〇一一年度で、今年で五回目となる。

総長特命教授とは、在職中に教育・研究において優れた業績を挙げ、教育に対して強い情熱をもっている方で、名誉教授の中から選抜された先生方のことである。今年度教養教育院に所属する総長特命教授の先生方は五名おられる。これらの先生方は、このセミナーに限らず、基礎ゼミ・展開ゼミをはじめ多くの講義を開講してくださっている。

さて、教養教育特別セミナーの構成は毎回同じで、まず、総長特命教授の先生方や学外からお招きしたゲストの計三人の講師による、お一人一五分間の話題提供がある。続いて、講師と他の総長特命教授を加えた五～六名の先生方がパネリストとなるパネル・ディスカッションが行われる。ここで大事にしているのは、必ずフロアーにいる学生から問題提起をしてもらっていることである。

参考までに、第1回から第5回までのテーマと話題提供者、講演題名を以下に記しておく。

第1回（二〇一一年五月九日（月）13:00～15:00）
「教養とは？
―東北大学生として考えてほしいこと―」
話題提供1　森田　康夫
「教養教育の歴史」
話題提供2　海老澤丕道
「物理学と教養」
話題提供3　工藤　昭彦
「教養の三層構造」

第2回（二〇一二年四月九日（月）13:30～15:30）
「教養とは？―東北大学生に考えてほしいこと―」
話題提供1　木島　明博
「東北大学の教養教育」
話題提供2　浅川　照夫
「教養としての英語」
話題提供3　海老澤丕道
「現代社会と教養」

第3回（二〇一三年四月八日（月）13:30～15:30）
「東北大学のチャレンジ
～グローバル時代の教養教育」
話題提供1　花輪　公雄
「東北大学の全学教育とは何か」
話題提供2　原　信義
「復興へ、英知を結集して！」
話題提供3　森田　康夫
「歴史から見た教養教育
―グローバル時代の今」

第4回（二〇一四年四月七日（月）13:30～15:30）
「東北大学のチャレンジ
～グローバル時代の教養教育改革」
話題提供1　花輪　公雄
「教養教育改革が目指すもの」
話題提供2　西川　善久
「教養教育にのぞむもの
―ジャーナリズムの現場から―」
話題提供3　野家　啓一
「教養を哲学する」

第5回（二〇一五年四月一三日（月）13:30～15:30）
「地殻変動期の教養・教養教育
—新入生とともに考える—」
話題提供1　安藤　晃
「生きる力を身につける
—教養教育ってなんだろう？—」
話題提供2　辻　篤子
「想像する力を育む教養教育」
話題提供3　工藤　昭彦
「私が取り組んだ教養教育」

毎回、いろいろな観点から教養教育の意義を考えるテーマが選ばれている。話題提供の内容は、後日「教養教育院セミナー報告」なる冊子としてまとめられている。興味をもたれた方は教養教育院のウェッブサイトを訪問してほしい（http: //www.las.tohoku.ac.jp/home）。

（二〇一五年二月一〇日）

<著者略歴>

花輪　公雄（はなわ・きみお）

1952 年、山形県生まれ。1981 年、東北大学大学院理学研究科地球物理学専攻、博士課程後期 3 年の課程単位取得修了。理学博士。専門は海洋物理学。東北大学理学部助手、講師、助教授を経て、1994 年教授。2008 年度から 2010 年度まで理学研究科長・理学部長、2012 年度から 2017 年度まで理事（教育・学生支援・教育国際交流担当）。東北大学名誉教授。

東北大生の皆さんへ
──教育と学生支援の新展開を目指して──
Messages to Tohoku University Students

2019 年 4 月 1 日　初版第 1 刷発行

著　者　花輪 公雄
発行者　久道 茂
発行所　東北大学出版会
〒 980-8577　仙台市青葉区片平 2-1-1
TEL：022-214-2777　FAX：022-214-2778
https://www.tups.jp　E-mail：info@tups.jp
印　刷　社会福祉法人　共生福祉会
萩の郷福祉工場
〒 982-0804　仙台市太白区鈎取御堂平 38
TEL：022-244-0117　FAX：022-244-7104

ISBN978-4-86163-324-9　C0340
定価はカバーに表示してあります。
乱丁、落丁はおとりかえします。